城市规划社会感知和智能语义计算

喻文承　高鑫鑫
荣毅龙　张松懋　著

中国建筑工业出版社

图书在版编目（CIP）数据

城市规划社会感知和智能语义计算／喻文承等著.
—北京：中国建筑工业出版社，2019.12
ISBN 978-7-112-24456-0

Ⅰ.①城… Ⅱ.①喻… Ⅲ.①城市规划-语义分析-
研究 Ⅳ.①TU984

中国版本图书馆CIP数据核字（2019）第247865号

责任编辑：张瀛天
书籍设计：锋尚设计
责任校对：赵听雨

城市规划社会感知和智能语义计算
喻文承 高鑫鑫 荣毅龙 张松懋 著
*
中国建筑工业出版社出版、发行（北京海淀三里河路9号）
各地新华书店、建筑书店经销
北京锋尚制版有限公司制版
北京建筑工业印刷厂印刷
*
开本：880×1230毫米 1/32 印张：7⅞ 字数：218千字
2020年4月第一版 2020年4月第一次印刷
定价：38.00元
ISBN 978-7-112-24456-0
（34946）

推荐序言一

城市化是伴随工业化发展，非农产业在城镇集聚、农村人口向城镇集中的自然历史过程，是人类社会发展的客观趋势，是国家现代化的重要标志。

世界的城市人口在人类社会迈入21世纪不久就已到达50%的分界点，并以持续的高速度继续增长。联合国经济和社会事务部编制的“世界人口时钟”显示，世界人口将在2050~2055年期间达到100亿，而其中70%~80%的人口将居住在各种不同类型的城镇地区。21世纪作为人类历史上的“城市世纪”当之无愧，到21世纪末，人类将成为一个完全在城市中生活的物种。

城市是一个复杂的巨系统。城市化是一个充满着矛盾和问题，但又被人类寄予无限期望的历史过程。城市从诞生之初的筑墙防御，历经市集贸易交换、统治管理中心、商住杂居、工业化生产等因素的影响和演化，逐步形成了具有巨大经济效益、便捷交通运输、发达人文交流以及源源不断创新驱动力的现代人类生活聚居形态。人们向往城市生活，城市化是现代化的必由之路。

每当谈及城市，人们脑海里的画面通常是鳞次栉比的高楼大厦、川流不息的车辆以及行色匆匆的人潮，或是象征意义明显的地标建筑和人文景观。其实，城市作为人类历史上最伟大的发明，其成就不仅是这些物质空间的可见实体对象，更是城市中无处不在弥漫着的思想和精神，这是城市内涵和独特性之所在。刘易斯·芒福德早在1938年就指出“城市是文化的容器，这容器承载城市的三个基本使命：储存文化、流传文化和创造文化。”联合国教科文组织发布的《全球报告，文化：城市未来》认为，文化具有使城市更繁荣、更安全和更可持续的力量。城市既是人类思想和智慧产生汇集的场所，也是人类进步成果的集中体现之地。城市因人类自身需要而被创造出来，又反过来作用于人类，一部城市的文明史就是人类与城市彼此作用、交互发展、共聚成就的历史。

当前，城市在世界范围内取得辉煌成就、吸引越来越多的乡村人口择城而居的同时，也面临着一系列严峻挑战。人口拥挤、环境污染、交通拥堵、住宅短缺、产业失衡、文化困扰、公共服务异质化等“城市病”日趋恶化，在大城市、特大城市地区尤为凸显，降低着城市的品质。如何破解这些困扰城市发展的难题，需要发挥人类的聪明才智，也需要城市的管理者、规划师和所有利益相关方能够审时度势，共建共享，提出科学有效的解决途径。

信息化社会的到来，给传统媒介插上了翅膀，各种自媒体的兴起进一步丰富了网络时代的媒体类型，促进了市民言论的自由表达和更为广泛快速的传播。本书作者捕捉到了当前城市规划行业需求以及时代发展特征，应用人工智能中的语义计算技术，在海量社交媒体文字中挖掘市民对于城市规划建设管理的有价值看法、主张和观点，以提升城市规划对于社会的感知能力。该项研究无疑在观察城市规划编制与实施、了解市民生活对城市运行和管理亲身体验等方方面面，进一步拓展了信息来源，有利于城市的管理者和规划师们倾听市民心声，汇集市民思想，凝聚社会共识，进而提升规划公众参与的成效，并将人民的智慧纳入城市的创新与发展之中。

希望本书的研究成果能够在我国的城乡规划（国土空间规划）工作中发挥出应有的价值，有助于改善我们对城市问题的发现能力和针对问题的解决能力，使规划工作更加符合人民的期盼，努力把城市建设成为人与人、人与自然和谐共处的美丽家园。

毛其智

2019 年 9 月　于清华大学建筑学院

推荐序言二

一直以来，我国的城市规划是“精英规划”。随着社会经济的不断发展，随着以人为本的理念不断推广，城市规划的“社会属性”受到普遍关注，公众参与已经逐渐渗透到城市规划编制与管理、城市环境治理等相关环节，成为提升城市综合品质的重要推动力。

一直以来，城市规划注重资料分析和社会调查。伴随计算机辅助规划及数据库建设，伴随互联网、物联网、大数据、云计算、人工智能等新兴技术的迅猛发展，为广泛的社会数据采集与分析提供了更多可能性。

一直以来，城市规划在实践中不断完善其自身体系。随着国家深化改革不断推进，随着全域空间规划体系正式推出，城市规划并入全资源要素的空间规划体系之中，增添了新的使命和内容，面临着新的挑战与发展。

城市规划行业的新发展呼唤着规划从业人员的新鲜血液以及新能力与新作为。

本书作者尝试利用人工智能中的语义计算技术在城市规划领域开展社会感知应用，一方面可以通过社交媒体这一反映社会缩影的平台，从城市精英和社会大众的言论中帮助实时了解规划实施对城市和社会的影响，发现存在的问题，从而对规划进行动态修改和完善；另一方面，也可帮助发现公众的主张、意见和利益，并将其有效、有序地纳入城市规划制定、决策和实施中，即在感知的过程中培育和凝聚正确的共识，进而产生共同的行动。因此，本书内容可以说是在新的数据环境、新的技术发展以及新的规划理念转型时期的创新性探索，也是规划师不忘保障城市公共利益、促进城市可持续发展的初心，以更加开放的心态和胸怀，主动迎接信息技术发展所带来的机遇，进行自我革新的表现。

期待在这个改革的时代，信息技术能在新的空间规划体系中造福人类社会，也能够在前行中不断探索、改革和创新。

王　引

2019 年 9 月

推荐序言三

我国是人口大国，城镇化加速发展，城市人口不断增加，城市在发展过程中出现的交通拥挤、住房紧张、设施不足、能源紧缺、环境污染等问题日益突出，这些对城乡规划的制定和实施来说都是极大的挑战。为此，城市规划需要新的理念和技术手段。

《中华人民共和国城乡规划法》第二十六条指出：城乡规划报送审批前，组织编制机关应当依法将城乡规划草案予以公告，并采取论证会、听证会或者其他方式征求专家和公众的意见。公告的时间不得少于三十日。第二十八条指出：地方各级人民政府应当根据当地经济社会发展水平，量力而行，尊重群众意愿，有计划、分步骤地组织实施城乡规划。其中提及的“征求公众的意见”“尊重群众意愿”体现了公众参与的城乡规划理念。如何实现“征求公众的意见”“尊重群众意愿”？笔者以为，这正是本书作者们研究和回答的关键问题。

各种微博网站、各类民间论坛网站以及政府开办论坛网站等渠道是公众意见汇集的场所。通过数据爬取技术和人工智能语义分析技术，可以监测到公众对已经实施的城乡规划的赞同、不满以及具体诉求。这些信息对提升未来的城乡规划水平极为珍贵。当政府部门向社会公布新的城乡规划时，大量地采集并且自动分析公众的意见对及时完善城乡规划尤为重要。

笔者认为，作者们的研究方法和成果不仅对城乡规划有重要意义，对城乡政情民情研究也同样具有推动作用。

曹存根

2019 年 9 月　于中科院计算所

自　序

从18世纪以来，人类社会先后经历了以蒸汽机、电力、信息技术广泛应用为标志的三次科技革命。这三次科技革命进程不断推动社会生产力的飞跃，给人类社会在政治、经济、社会、管理等不同领域带来了深刻影响，也推动了人们生产方式、生活方式和思维方式的变革，充分证明了科技具有社会功能。在20世纪末，以互联网和全球化为标志的技术进步将信息技术革命推向新的阶段。进入21世纪，随着物联网、大数据、云计算、人工智能的研究和应用不断升温，人类的感知能力、信息加工处理能力以及透过信息对于自身、社会和城市的认知能力均发生了重大变革，其影响更加深远，给各国和各行业进行创新发展带来了新的可能。

回顾人类历史，理性的科学技术进步和感性的社会文化发展自始至终都交织在一起，彼此促进、从未割裂。例如，欧洲先后经历了14世纪中叶开始以人文主义精神为核心的文艺复兴时期、16世纪开始以哥白尼、伽利略、牛顿等为代表的现代科学初始期以及反对宗教神学和封建专制的思想启蒙运动时期、18世纪末开始崇尚人的情感、文化和自由解放的浪漫主义运动时期，为现代人类文明的形成奠定了基础。这些发展历程表明，人类社会在重视科技发展和应用的同时，对人本、文化的思考和建设也从未停止。

真正科学意义上的城市规划始于近代工业革命后，从畅想广亩城市、田园城市的理想主义规划，到强调物质空间功能分区的机械美学和机械理性主义规划，再到注重物质空间与文化交往模式的后现代城市规划，直至当前关注城市人文、社会公平、生态环境、可持续发展等的多元规划，其中的科学技术方面内容，无论是早期考虑图形和图案的数学美学，还是后来的系统分析方法或梳理模型分析方法，技术理性一贯地与社会文化和人本主义紧密联系在一起，从人的视角来认识城市、改造城市的努力从未受到影响和改变。

媒介作为人类为生产和传播信息所采用的工具和手段的总称，从古至今先后经历了口语、文字、印刷、电子和网络的形式，其发展历程对于人类知识传播和积累、社会和文明进步起到了巨大推动作用，可以说媒介发展史就是人类社会文明发展史的缩影。同时，媒介是人类彼此之间的信息传递和交流的手段和介质，因此在很大程度上媒介的发展史也是一部关于信息技术的发展史。麦克卢汉曾提出从人的延伸视角来理解媒介，即媒介是人的外化、延伸和产出，媒介发展是人社会文化活动和过程的结果。在这种思考下，媒介与人的关系是如此紧密，一方面媒介改变着人们的思想和生活，推动着社会进步；另一方面，人在社会生活中根据发展需要不断选择和推动媒介发展。因此在人类社会发展中，人们需要利用媒介，善用媒介。随着数字媒体、社交媒体、自媒体等蓬勃发展，媒介在介质类型、内容生成、传播速度、传播广度等方面均有本质提升，尤其是在向普通大众传播知识、传播意见、引导思维、凝聚共识等方面影响深刻。这已不再仅是一种技术能力，更多的是将科技进步融入城市经济、管理、社会、人文等各个领域、进而为提升全社会的生产力和创新力提供了驱动能力。

城市规划行业一直是信息技术引进和应用活跃的领域，这是由于城市规划是一个多方参与、学习和决策的复杂过程，包含了各参与方对于城市运行和城市问题的理解、判断和价值观平衡，在信息资源的获取、信息的分析、知识学习和整合、预测和决策等环节依赖于信息技术的支撑作用。当前，万物互联、大数据、人工智能、智慧城市、智慧社会等已经成为这个时代技术和城市发展的特征。在大数据分析、人工智能、机器学习等新技术规划研究和应用中，尽早地开展利用新时期媒介提升城市规划对于社会感知能力的相关理论和方法研究，在技术理性驱动的同时增强城市规划的社会人文精神和色彩，不仅符合人类社会和城市规划发展的历史潮流和经验，而且对于密切城市规划与社会的联系、提高规划工作对于城市问题的针对性和规划成果的可实施性具有现实意义，对于提高规划决策中的公众参与、进行多元价值判断等亦具有重要价值。

基于这种考虑，本书介绍将人工智能中的语义计算技术应用于提升城市规划社会感知能力的理论方法、关键技术和实践成果。在我国城乡与社会经济发展、规划理念、管理方式等正处于转型和变革的新时期，以及以人为本的城镇化、城市精神文化生活的创造、城市治理的公众参与、城市空间的减量发展和存量更新等问题成为城市规划行业面临的新任务大背景下，希望本书内容可以帮助规划工作者开展以促进规划理念发展和管理创新为目标来推动信息技术在城市规划中深层次应用的思考和实践。我们需要切记，与规划理念发展相向而行，与社会人文相互融合，永远是技术进步推动规划工作的原动力和首要目标。

在这里，我要感谢几位合著者，本书的成稿以及书中提出的理念和方法能够得以实现和实践，离不开他们的辛勤付出。同时，本书内容主要依托于住房和城乡建设部2018年度科学计划项目——“基于语义分析的城乡规划社会感知研究和应用”，我也要感谢我所在的北京市城市规划设计研究院的领导和同事们在该项目开展以及本书写作过程中给予的巨大帮助和鼓励。项目开展过程中，得到了中科院数学与系统科学研究院、北京城垣数字科技有限责任公司、灵玖中科软件（北京）有限公司以及拓尔思信息技术股份有限公司的支持；黄晓春、茅明睿、程辉、杨松、何更喜、吴运超、何闽、张帆、高娜、朱勇、周蕾、冯伟等同志亦给予了帮助，在此一并表示衷心感谢。

基于人工智能中的语义计算开展社会感知在城市规划中的应用实践，尚处于研究探索阶段，其中的内容不仅丰富综合，而且仍将不断发展和进步。本书主要阐述语义计算在城市规划社会感知中开展应用的理论、方法和技术，对语义网络、语义计算、自然语言处理等技术只进行了一般性介绍，读者可视需要查阅相关书籍进一步了解它们自身的知识体系和复杂细节。

由于我们的学识水平限制，书中难免有不当之处，敬请读者朋友们指正。

喻文承
2019 年 9 月

目 录

第一部分 理论框架

第二部分 关键技术

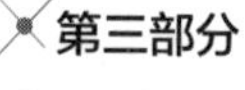

主要符号对照表

A	AI	人工智能（Artificial Intelligent）
	APP	手机应用程序
B	BLOG	博客（Web log）
C	Citizen Sensing	市民感知
	CSCW	计算机支持的协同工作（Computer Supported Cooperative Work）
D	DIY	自己动手制作（Do It Yourself）
	DSS	决策支持系统（Decision Support System）
	DM	数据挖掘（Data Mining）
G	Geocoding	地理编码
	GIS	地理信息系统（Geographic Information System）
	GPS	全球定位系统（Globe Positioning System）
I	ICT	信息和通信技术（Information and Communication Technology）
K	Knowledge Graph	知识图谱
L	LDA	隐含狄利克雷分布（Latent Dirichlet Allocation）
	LOD	互联（链接）开放数据（Linked Open Data）
N	NKI	国家知识基础设施（National Knowledge Infrastructure）
	NLP	自然语言处理（Natural Language Processing）

O	OECD	联合国经济合作与发展组织 （Organization for Economic Co-operation and Development）
	Ontology	本体
	OWL	Web 本体语言 （Ontology Web Language）
	OBIE	基于本体的信息抽取 （Ontology-Based Information Extraction）
P	Participatory Sensing	参与式感知
	People-Centric Sensing	以人为中心的感知
	PPGIS	公众参与地理信息系统 （Public Participation Geographic Information System）
	PSS	规划支持系统（Planning Support System）
R	RFID	射频识别（Radio Frequency Identification）
	RS	遥感（Remote Sensing）
	RDF	资源描述框架（Resource Description Framework）
	RDFS	RDF 模式
S	Semantic Analysis	语义分析
	Semantic Computing	语义计算
	Social Sensing	社会感知
	SPARQL	RDF 查询语言和数据获取协议 （SPARQL Protocol and RDF Query Language）
	SW	语义网（Semantic Web）
	SWRL	语义网规则语言（Semantic Web Rule Language）
U	UGC	用户生成内容（User Generated Content）
	UPOntology	城乡规划本体（Urban Planning Ontology）
	Urban Sensing	城市感知
	URI	统一资源标识符 （Uniform Resource Identifier）
	URL	统一资源定位符（Uniform Resource Locator）
W	Wiki	维基百科
	W3C	万维网联盟（World Wide Web Consortium）
X	XML	可扩展标记语言（eXtensible Markup Language）

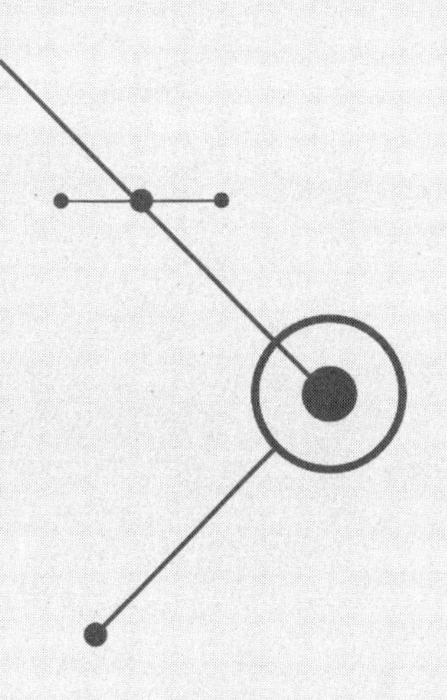

第一部分
理论框架

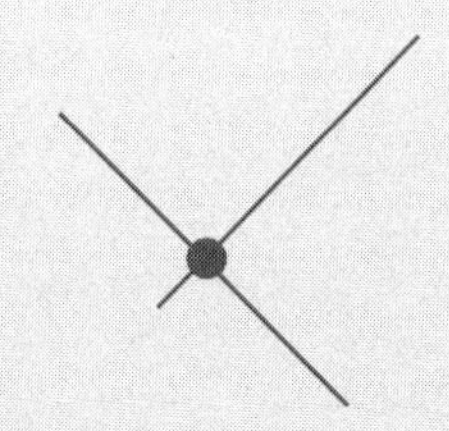

目前，社会感知和语义计算基本上分别在大数据分析和人工智能的范畴内开展研究，彼此交集甚少。将二者统合起来，并面向城市这个复杂对象，在城市规划行业整体地加以研究和应用实践，缺乏理论上的认识和体系上的思考。然而，理论通常从前期的感性认识中产生，后升华成为用于系统认识问题、解释问题的思想体系和方法论，对于后续实践具有重大的指导作用。因此，本书第一部分阐述社会感知和语义计算在城市规划领域引入并应用的理论框架，即从它们的概念、定义和研究发展现状出发，结合城乡规划工作，形成从城乡规划视角对社会感知和语义计算的理解，挖掘二者对于城乡规划的价值和意义，并对其在城乡规划中的内涵进行详解。通过这些逐步递进的梳理演绎，形成基于语义计算的城市规划社会感知的理论基础。

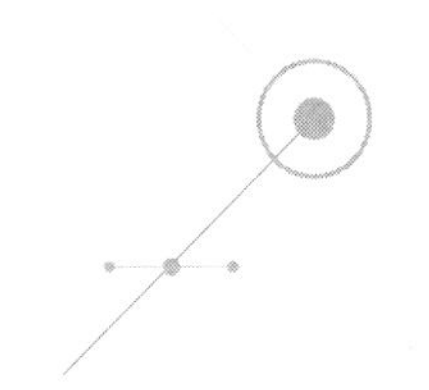

第1章
新技术　新能力　新机遇

1.1　相关行业发展背景

1.1.1　城市规划行业的发展与转型

当前我国正处于新型城镇化和经济新常态的“双新”时期，国务院近几年先后颁布的《国家新型城镇化规划（2014–2020年）》《关于进一步加强城市规划建设管理工作的若干意见》等重大文件，在城镇化、规划设计、建筑、城市治理、公共服务、环境保护等方面的发展方向和措施上均提出了新要求。这意味着城市规划从业者的理念和方法面临着迫切转型，如从以建设为重点的“土地城镇化”转为关注“人的城镇化”；从城市“物质空间”规划转为关注“精神文化生活”创造；从城市发展由“投资经济”推动转为以“科技创新与知识经济”驱动；从强调规划“技术过程”的精英规划转为看重“社会过程”和“公众参与”、具有可实施性的“公共政策”规划；从空间“扩张型”“增长型”规划转为“减量”“存量”规划与“微小更新”等。

在这些转变过程中，城市规划社会公共政策属性表现得越来越显著，如何维护社会公平、公正和公众的合法权益成为规划编制和实施过程中的核心问题。在规划编制和实施过程中，需要通过社会各方利益群对规划的参与和反馈，来提高和改进规划决策的针对性、科学性和行动品质，以回馈社会关切。规划编制与实施过程原先强调蓝图式的关注物质空间的技术过程，现在则逐步转变为强调规划社会空间、社会过程和公众参与，以提高规划的社会价值。这需要城市规划工作者不断创新工作方法来提高对于城市和社会的感知能力，以“人”为中心洞察城市运行管理现状，关注公众所为、所愿、所喜、所忧，提高城市规划对于解决城市问题的指向性。因此，增强规划社会感知能力，成为规划社会过程体现于规划编制、实施和监督各个环节的重要技术保障。

1.1.2 社会感知的产生背景与价值

随着Internet技术和应用发展，数字媒体、社交网络、自媒体、移动通信与传感器上的用户生成内容（User Generated Content，UGC）越来越丰富和多样，留下了大量关于人类活动和言论的“数字足迹”。国内外政府、企业、研究机构等逐步开始从海量用户生成内容中去挖掘多种、实时的以及与真实物质世界事件相关的反馈，开展了个人、社会和城市层面的感知计算研究。

将Internet能力和传感器的扩散联合起来产生了新的革命，叫社会感知（Social Sensing）。社会感知被定义为是从人类或代表他们的设备上采集关于城市物理环境和社会环境的观察行为（Wang, 2015），是汇集和分析人类“数字印记”的新方法（Liu et al.，2015）。大数据和社会感知的兴起，也为城市规划工作者理解城市社会环境带来新的契机。“互联网+”将互联网思维和创新成果与传统行业深度结合，创造了新的行业发展与改革生态。在当前大数据和“互联网+”的时代，智能手机的普及和使用、传感器的广泛布设、传统媒体的数字化发展、社交媒体和自媒体的快速传播以及开放数据和众包模式的日趋成熟，使得收集、分析和利用人类活动、言论、思想印记的能力得到前所未有提高，进而提高了深刻感知社会的能力，尤其是感知人的行为规律和思想主张，为城市规划的改革、创新和发展提供了广阔前景。

1.1.3　人工智能及语义计算的发展

在当前大数据环境下，文本（文字）类型数据可以说是大数据中的大数据，不仅具备了所有大数据的特征，而且其在内容上或者是人类知识的积累，或者是人类思想和意见的表达，对于加强规划工作的社会性具有十分重要的价值。语义计算是识别文本的意义、主题、类别等语义信息的过程，是自然语言理解的根本问题，也是当前人工智能领域的热点和难点。随着互联网媒介发展，大量文本类型的用户生成内容越来越多地涌现。但是，它们大都处于未被组织的状态，给查询、检索、知识挖掘和运用带来了极大障碍。因此，无论是从社会感知视角，抑或是规划工作视角，进一步结合规划行业的社会感知需求加强语义计算相关技术的应用实践十分必要。部分学者也已指出了基于语义的社会感知未来前景（Sheth，2010；Barnaghi et al.，2012；Liu et al.，2015），为这方面的发展实践给出了方向。

1.2　城市规划转型机遇

基于语义计算的城市规划社会感知可以对互联网、新媒体环境下的各种开放网络、社交媒体、自媒体中的海量文本类型信息，结合城市规划研究内容进行自然语言的处理和语义计算解析，发掘其中蕴含的丰富语义信息，主动感知规划社会环境，对其中能够反映社媒热点、专家思想、公众民意的内容进行判别、挖掘和整合，汇聚各方意见、思想和智慧，从而提高规划师的社会感知能力，推动城市规划工作的转型发展。

具体地，机遇存在于以下三个方面。

1.2.1 加强城市规划工作中的新技术应用与知识服务

城市规划工作本质上是以知识为核心内容的技术性服务，具有知识资源密集和知识员工密集的显著特性。当前大数据环境下，语言文字中的内容更是历史上人类知识和经验的成果积累。语义计算一方面是人工智能、机器学习等新兴技术的重要组成部分；另一方面，也是城市规划从业者进行知识获取、检索、重用、集成和服务等知识管理活动过程中的关键技术环节。因此，开展以语义计算为内容的规划行业人工智能技术应用，是将知识资源通过知识服务为规划编制与实施管理中的现状调研、知识积累和科学决策提供支撑的必要保障，有益于拓宽规划知识类型和知识来源渠道，以及拓宽规划知识的应用领域。

1.2.2 推动城市规划与社会空间的互动和规划转型

在当前规划公众参与意识总体上较为淡泊、公众参与效果不够理想的情况下，通过语义计算和规划社会感知可以为改善规划公众参与和民主决策中的一些问题带来机遇。规划工作者可主动地感知城市和社会，有利于密切城市规划工作与社会的联系，洞察市民的需要和自下而上的行动动力，提高规划工作对社会发展的敏感性和洞察力，在一定程度上改善规划公众参与和民主决策，推动规划由关注物质空间的技术过程向关注社会空间的社会过程转型，推动“云规划”战略的研究和实施，也将为“互联网+规划”的理论研究和应用提供论证与探索。

1.2.3 提高城市规划对于社会发展和城市治理的服务质量

基于语义计算的规划社会感知可以提高规划工作中使用新技术对互联网丰富信息资源的获取、处理和深度挖掘与利用能力，为研究了解市民思想和观点、城市规划问题、汇集各方智慧与动力等提供了不同以往的洞察能力，利于综合平衡和维护社会公共利益，提高规划工作对于解决城市发展实际问题的针对性、服务社会发展与城市治理的有效性和质量，进而提高规划编制与实施管理的科学性与可实施性。

1.3　内容框架体系

围绕着在城市规划行业开展基于语义计算的社会感知，本书通过对当前相关领域发展背景和现状、规划行业发展和工作需求、当前问题现状和瓶颈、规划社会感知的内涵、涉及的关键技术难点以及应用实践验证等内容的分析，力争形成较为全面的系统性探索。本书的内容框架如图1.3所示。

全书共计11章，整体上遵循提出问题、分析问题和解决问题的思路，分为理论框架、关键技术和应用实践三个部分进行组织。

第一部分，理论框架（第1～4章）。在梳理相关领域发展背景基础上，提出人工智能时代的语义计算是提升城市规划社会感知能力和促进规划事业转型发展的重要支撑。在对相关概念进行介绍、分析发展现状的基础上，结合城市规划的行业特征，从多维视角阐述社会感知对于规划行业的重要意义，重点是从通过语义计算感知社交媒体内容的视角进一步说明规划社会感知的内涵，包括基于语义计算的规划社会感知的类型、技术和应用。

第二部分，关键技术（第5～8章）。第5章和第6章对在城市规划领域开展基于语义计算的社会感知所涉及的关键技术进行分析，尤其是阐述了如何结合城市规划行业应用的特点，对通用自然语言处理和语义分析技术进行适应性扩展和调整，以提高规划领域应用的成效。随后，在第7章和第8章，进一步说明将关键技术软件化和平台化的细节，即将这些专门研究的关键技术与地理信息系统、数据库、通用自然语言处理和

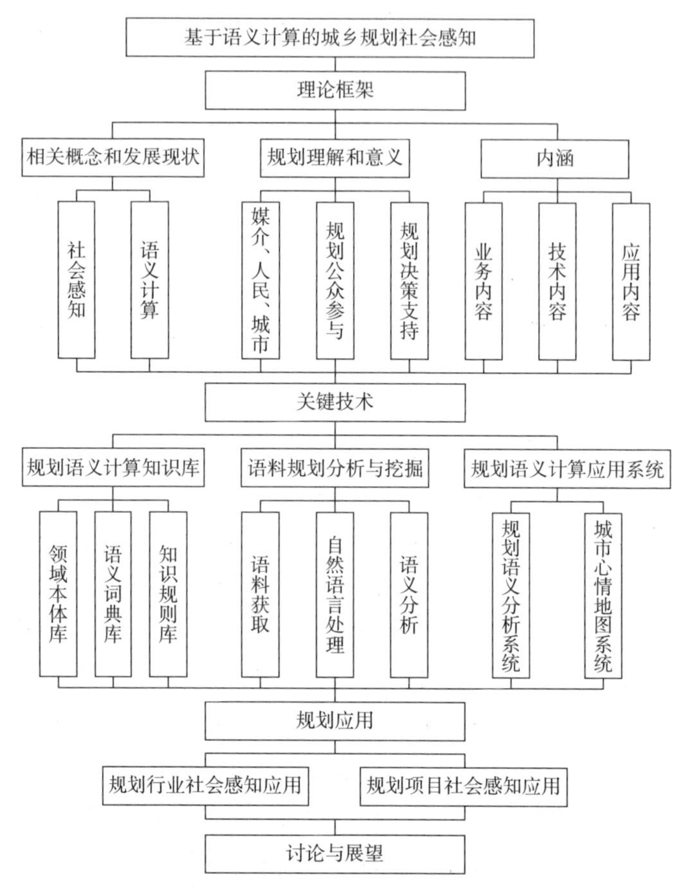

图1.3　城市规划社会感知和智能语义计算内容框架

语义分析技术等加以组合和集成，研发专门的应用系统，为规划项目应用提供支持工具。

第三部分，应用实践（第9~11章）。第9章和第10章从规划行业整体感知和具体规划项目感知两个层面开展应用实践，探讨规划社会感知语义计算在实际规划工作中可能的应用场景和应用价值，并验证研究的关键技术在规划行业中应用的适应性。第11章，对全书的理论、技术和应用进行总结，讨论值得后续深化研究的问题，提出未来的发展愿景。

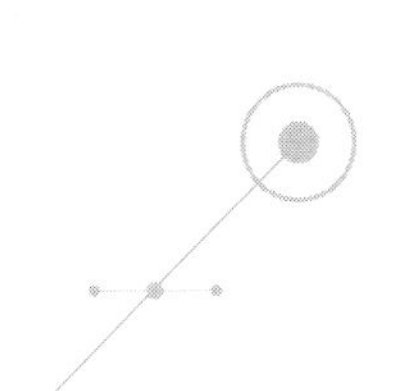

第2章 相关概念及发展现状

2.1 社会感知

社会感知是在信息与通信技术迅速发展的背景下，由于关于城市和社会经济的数据获取、处理和分析能力不断提高而形成的交叉研究领域，为规划师和城市研究者观察城市、研究社会提供了新手段和新途径。当前，国内外一些学者已在社会感知领域的研究和实践中取得初步成果和应用成效。本节对社会感知的产生、概念、国内外研究现状、应用特点等进行回顾和梳理。

2.1.1 产生和概念

2.1.1.1 产生过程

1. 社会学视角

社会感知最初是来自社会学的概念。人在长期与人相处的过程中，逐渐形成了彼此沟通交流的规则，依靠建立起的社会规则，可以构建起信用体系、交往模式以及社会关系等。发现并对这一规律进行研究，是理解众多社会问题的一种重要手段。人是社会的动物，社会感知在人们的生活中无处不在，家人、同事、情侣之间的沟通交往都是社会感知的体现，人们在社会前进的过程中如何加深对社会规律的理解和认知，正是社会学最为核心的研究内容，也是最为复杂的。从社会学视角认识社会感知要深入思考某种社会行为产生的真正原因。随着技术的进步，人类对社会现象背后内容的研究发生着巨大的变化，从调查问卷到大数据分析，从单一判断到批判性认知，体现出社会感知方法向着多样性和科学性方向的不断发展。

2. 普适计算视角

普适计算是一个研究范围很广的概念，包括分布式计算、人机交互、人工智能和感知网络等多方面技术的融合。它可以时时刻刻对世间万物进行计算，以供人们随时随地获取信息和服务。随着高速传输网络、智能感知硬件和物联网技术的普及，普适计算的应用变得越来越广泛，例如无人驾驶的雷达、红外等路侧感知设备、人们随身携带的手机和可穿戴设备，均在时时刻刻生产着数据。将这类数据进行收集并利用合理的算法进行分析，可以很客观地理解和发现一些社会行为及其规律，是科技时代人们进行社会感知的重要手段。互联网的普及，为人们提供了海量数据，研究者可以利用这些数据，发现网民的行为模式、网络舆情的走势和事件参与者的情绪等，现实生活中难以察觉的社会规律，可以通过对虚拟世界的普适计算进行分析。目前，通过普适计算进行社会感知正处于兴起阶段，随着各类传感设备的不断普及和计算机模型算法的不断发展，普适计算未来会在更多层面、更大范围实现其对社会感知的分析价值。

3. 城市研究视角

在城市研究领域，社会感知的产生被认为与传感器和ICT技术的发展密不可分。传感器使用历史悠久，维基百科将其定义为是用于在环境中探测事件和变化的物体，并提供相应的输出，通常使用电子或光学信号。长期以来，传感器一般总是与ICT技术集成应用，以记录城市自然、生产领域的状态与过程，实现检测和控制，如城市基础设施的智能管理、城市环境与城市交通实时监测等。随着ICT技术、数字城市、智慧城市等相关理念和技术的发展与实施，传感器装置呈现出微型化、数字化、智能化和网络化等特征，成为人们获取城市中关于自然、生产、生活领域中信息的重要途径与手段，改变了传统依靠人力和报告的方式，成为城市安全运行、有效管理的技术保障。

2.1.1.2 相关概念

近年来随着研究深入，各国学者相继提出了一些比较相近的概念，如“Urban Sensing”“Participatory Sensing”“People-Centric Sensing”“Citizen Sensing”和“Social Sensing”等，体现出将传感器和ICT技术应用于城市科学十分活跃。

1. 城市感知

Urban Sensing，即城市感知。

Benjamin Allboch等（2014）认为所谓的Urban Sensing是一种关于城市环境的新测量方法，人和移动技术设备可以被视为探针，主动或被动获取的数据可以给城市规划与研究等领域提供新的数据源。互联网和互联网技术提供了多种可能性，并受到社会、文化、科学和经济的影响。社会是规划的基础，因此互联网必须成为规划过程的一部分。如果一个规划师想要分析一个复杂的城市系统，尽管双向交流以及知识、信息和新闻的交互已经被互联网简化了，但仍然需要关于编程和信息系统的知识。规划人员必须从事这些新技术，并不断在信息学领域进行高级培训。Calabrese，F.等（2013）则认为 Urban Sensing 可以以创新的方式收集科学数据，这些数据是建立城市模型的重要数据源。

Nicholas D. Lane等（2008）认为在城市感知系统中，人的参与程度和方式扮演着重要角色，决定了城市感知系统可提供的支持能力和应用范围。有两种参与方式：一是需要人参与传感器工作过程并决定传感器响应方式的参与式感知；二是传感器自己监测周边环境以及设备管理者的状态，并决定如何响应的伺机型感知。相比较而言，采用伺机型感知的城市感知系统部署和应用更为广泛。

由欧共体支持的项目Urban Sensing Project①认为，当前基于复杂科学和网络理论的规划决策分析方法及模型均依赖于大量实时数据的获取。尽管城市实时数据越来越受欢迎，但是各级政府的获取和分析能力仍然缺失。同时，尽管当代大城市内部的变化和新陈代谢节奏很快，但无论是在较细的粒度如邻里尺度，还是在大都市尺度均缺乏实时知识的产出。该项目为城市设计、规划与管理提供服务，从用户生成内容（UGC）中分析提取那些有关城市空间的使用模式和市民感受，以在协商参与机制下就城市政策对市民的影响作出评估。

2. 参与式感知

Participatory Sensing，即参与式感知。

Burke J等（2006）认为参与式感知是将要部署的移动设备形成交互式、参与式传感器网络，使公众和专业用户能够收集、分析和共享本地知识。现在，手机上的传感器已可以记录环境数据，未来其他传感器也将被集成或无线连接。基站定位、GPS等技术可以提供定位和定位时间的同步数据，而无线传播和在线处理使人们能够与本地数据处理和远程服务器进行交互。这些能力增强了数据的可信度、质量、私密性和“可共享性”，并鼓励个人、社会和城市层面的参与。Jan Höller等（2014）认为参与式感知是公民参与的一种形式，目的是捕捉城市中周围的环

① http://urban-sensing.eu/?page_id=5

境，通常是为解决公共卫生和健康等具体问题的第一步。无论是公民自己倡议，还是由城市当局发起的公民组织，他们使用移动电话作为主要工具收集声音、图片、视频和其他传感器的数据以监测环境，并将收集到的数据传输到存储空间。市民或城市当局对收集的数据进行分析，得出结论和行动计划，并采取实际行动。虽然这种形式的参与在前几年非常典型，但现在的概念已经更加丰富，包括了积极的公民、记者参与或被动意义上的社会媒体感知，例如，推特内容也可以用作参与式感知的附加输入。

3. 以人为中心的感知

People-Centric Sensing，即以人为中心的感知。

Ioannis Krontiris等人（2010）认为在过去的几年中，地理位置芯片与相机、麦克风或加速度计等其他传感器，正在变得越来越普遍，在移动设备上被数十亿人使用着。这给城市环境中的数据收集带来了更广泛的公众参与，也给为污染、噪声、交通等城市问题的处理创建集体智慧系统带来了可能。People-Centric Sensing可以用来促进研究者以前部署无线传感器网络来感知环境的努力，拓展了那些已经在人们手中的传感器的潜在能力。Andrew T. Campbell等人（2008）认为传感、计算、存储和通信技术的进步，将几乎无处不在的移动电话变成一个全球性的移动传感设备。People-Centric Sensing有助于推动这一趋势，通过不同的方式来感知、学习、可视化和分享有关我们自己、朋友、社区的信息，也包括我们生活的方式和我们生活的世界。它将传统视角的网格状无线传感器网络与一个新网络相提并论，在新网络中，人们随身携带的移动设备使得感知机会无处不在。Andrew T. Campbell等人（2006）建立了基于People-Centric Sensing思想并命名为“MetroSense”的项目愿景，提出一种新架构来支持Internet规模的以人为中心的传感应用（图2.1–1），并通过在校园内部署传感器网络进行了架构体系的可行性验证。同

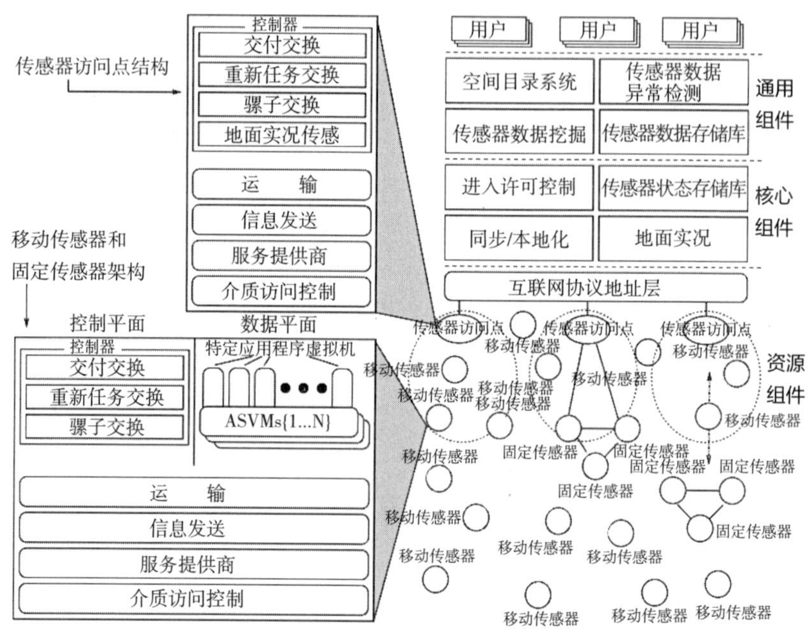

图2.1-1　MetroSense 软件架构（Andrew T. Campbell et al. ,2006）

时，他们基于MetroSense架构开发了两个休闲体育领域的应用。一个是SkiScape，是一款针对滑雪场的应用程序，专注于收集滑雪道的状况数据，以便立即反馈给滑雪者群体，同时跟踪滑雪者的移动情况，以实现实时响应和长期跟踪分析。另一个是BikeNet，研究了在自行车运动爱好者之间分享体验数据的方法。在这些研究和应用中，人不仅是关于自然现象和生态发展进程的传统意义上传感数据的消费者，而且关于人自身的数据也是可感知和可获取的。

Emiliano Miluzzo等人（2008）进一步认为People-Centric Sensing扩大了手机的感知能力，正在加速发展形成新的以人为中心的传感应用和系统。可以说，关于人的内容的感知正在推动一个崭新的应用领域，这超出了传统传感器网络重点对环境和基础设施的监测。现在，人们都是传感装置的载体，也是感测事件的来源和消费者。

4. 市民感知

Citizen Sensing，即市民感知。

从现有相关研究和主要观点看，Citizen Sensing被认为与Participatory Sensing关系密切，均是有人参与的感知，不过，Citizen Sensing更强调了市民的参与和面向城市的应用。Kamel Boulo等人（2011）认为在移动和社交网络的时代，Citizen Sensing来源于Participatory Sensing研究，市民处于感知处理的回路中，可以最大限度提高感知数据的可信度。市民传感器被安置在他们周边的环境中，用于记录、报告和分析周边环境，能够在环境、公共卫生监督和危机与灾害信息学中发挥重要作用。Sheth A认为（2009）Citizen Sensing是将移动传感器和人类计算结合在一起的令人兴奋的感知模式，即人类作为公民存在于无处不在的网络上，扮演者传感器的角色，使用移动设备和Web2.0服务共享他们对于城市的观察和见解。

5. 社会感知

Social Sensing，即社会感知。

Wang认为（2015）社会感知较广泛地是指一系列关于感知和数据采集的范式，而这些数据是从人类或代表了他们的设备上采集的。即社会感知是从人类和代表他们的设备上采集关于物理环境的观察行为，由于社交网络和传感器的贡献，城市中的每个人都可以成为一个广播源，都参与并共同构成了观察正在发生事件的一个唯一的状态观察者。上传至社交媒体上的大多数信息构成了感知行为。换句话说，这些信息报告了上传者对于他们周边物理环境的观察，以及有价值的评论，我们称之为“社会感知”。

Liu Y.等人（2015）从当今大数据时代角度，认为使用社会感知这个词可以指代各种类型、带有时空标记的数据源以观测人的行为，以及相关的分析方法，其目的是在地理空间中观测社会经济特征。大数据的兴起，给理解我们的社会经济环境带来新的契机。社会感知数据是大数

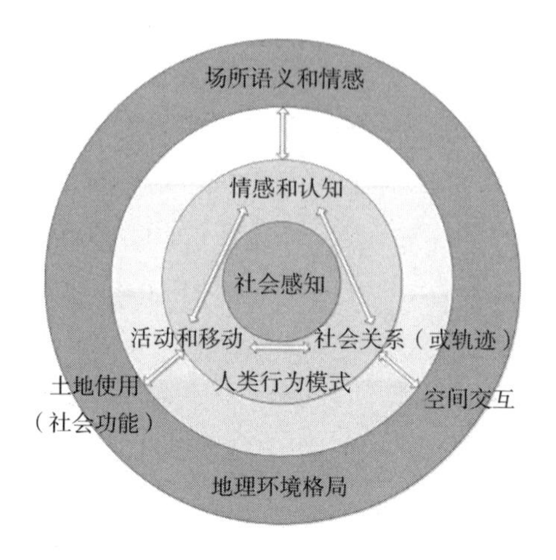

图2.1-2　社会感知应用的框架图（Liu Y. et al. ,2015）

据的重要组成部分。对于个人而言，社会感知数据包含了三个方面的内容，即个人的活动和移动、社会联系、情感和感觉（图2.1-2）。这三方面彼此联系，都受到社会经济环境的影响。

2.1.1.3　定义辨析

上一节提及的几个相似概念均是由于在传感器、ICT、互联网、普适计算等技术不断发展和融合的背景条件下，人在感知过程中的参与度得到提高，关于城市、社会、环境的感知信息无论在数量还是质量上均发生飞跃而被提出。它们的提出有的是从数据采集视角，有的是从人在传感中作用和角色的视角，还有的是从由于人参与而改变感知成效的视角。从这些相关概念中可以看出在传感器发展与应用过程中，人的角色和人的作用不断引起研究者重点关注。

一方面，人与传感器交织在一起。虽然传感器只是一种设备，但是由于城市社会系统的复杂性，人在城市社会感知中的作用与角色不仅决定了感知系统自身建设，也会影响支持应用的规模和多样性（Nicholas D，2007）。近十年来，ICT技术尤其是智能手机、Internet、无线传感器网络等移动互联设备迅速发展与广泛使用，将传感器的扩散与人的参与能力结合在一起，产生了新的革命，拓展了感知范围，提高了感知能力。现在传感器已经不再仅仅是电子记录设备，而是“Everything is sensor”和“Everybody is sensor”。这样，传感器网络也不仅仅是物理设备的网络，而是包括了由人与设备、人与人相互交织的网络。

另一方面，人扩展了传感器的能力。Web 2.0、智能手机、存储设备、数字身份集成卡片等的发展和在人类社会中的普遍使用，人们与物质、赛博空间的交互在广度、深度和规模上都前所未有，形成了大量的关于人的“数字足迹”（Zhang D.Q.，et al.，2010），这些“数字足迹”涉及人类生产、消费、娱乐、政治、教育等社会活动的方方面面，不仅构成了大数据的重要内容，也使得“社会”成为可以感知的对象。因此，在上一节众多相关概念中，“社会感知”一词更为贴切地反映了在信息社会与大数据时代，传感器广泛应用中“人”的作用以及对“人”所在社会的深刻影响。

2.1.2　研究和应用

由于社会感知与传感器、ICT以及互联网等新兴技术密切相关，因此，随着这些技术的普遍使用，社会感知的研究和应用范围也十分广泛。目前国内外与城市规划和城市问题有关的社会感知研究和应用内容，代表性的主要集中于城市建设用地、城市交通、城市意象、城市环境、城市管理以及市民行为分析等方面。

2.1.2.1　国外现状

1. 城市用地

Vanessa Frias-Martinez（2014）将带有地理信息的推特内容作为城

市规划应用的一种补充信息源，用于分析土地使用特性。在研究中使用了非监督学习，通过将相近的推特活动模式在空间上聚集，来自动判定土地使用功能。该方法被应用于曼哈顿、伦敦和马德里等地，通过将推特活动聚集产生的土地使用功能判断和规划局提供的土地使用功能信息进行比较和验证，证明了带地理位置的推特对于城市规划而言，是一个强有力的数据源。推特提供了相关性和实时性，不仅可以帮助建模和理解传统的土地利用，也给识别土地使用变化提供了成本低廉、近乎实时的可能。对于未来的发展，Vanessa Frias-Martinez指出不仅要关注空间位置，还需要关心推特的内容，即推特中的文本信息。

Toole等（2014）针对城市规划和城市研究迫切需要了解城市人口的时空分布，但在获取数据时均需涉及昂贵调查方法的情况，利用无处不在的移动传感器——移动电话，使用手机用户产生的精细动态数据来测量人口的时空变化。在研究过程中，Toole等使用机器学习分类算法识别具有相似移动电话活动模式的位置集群，确定了美国波士顿市一个星期内动态人口和土地使用之间的关系，通过活动模式的聚类辨析土地使用类型。研究结果表明，移动电话数据能够提供关于实际土地使用类型的有用信息，补充了常规的不同土地使用类型分区规则。

2. 城市交通

Calabrese等（2013）将大规模的移动电话轨迹数据应用于交通运输研究，提出了一些技术方法用于从数以百万计的移动电话数据中提取有用的流动信息，以调查个人在大都市区域内的移动模式。在研究中，Calabrese等比较了基于移动电话的流动性测量方法和基于区域内所有私家车每年安全检查里程表读数计算的流动性测量方法，以核实移动电话数据在表征个人流动方面的有效性，并找出个人流动与车辆流动之间的差异。实证结果可以帮助我们了解城市内部流动性的变化，以及在城市整体流动性中由非机动车辆组成的那部分。

Dongyoun Shin等（2014）提出一个手机应用程序原型，实现了一种新的交通模式检测算法。该应用程序设计运行于后台，不断地从手机内置的加速度和网络位置传感器收集数据。收集到的数据被自动分析并分割为不同的活动段。一个关键的研究发现是，数据流中关于行走的活动可以被很好地检测到，而被识别出的行走活动又充当了将数据流划分为其他活动段的分隔符，而且每一个车辆活动分段可根据车辆类型进行分类。尽管采样间隔较短，但该研究采用的方法具有较高精度，而且不需要GPS数据，因此有效地降低了器件的功耗。对于大规模实际部署来说，降低功耗这一点非常关键。该原型系统在瑞士苏黎世进行的一个实验中，交通模式分类方面达到了82%的准确率。Dongyoun Shin等进一步指出，将位置类型信息与此活动分类技术相结合，有可能影响那些由人类移动而驱动的许多现象，并增强对人的行为、城市规划和基于代理建模的认识。

3. 城市意象

Salvador Ruiz-Correa等（2014）使用社会科学的标准规模，通过网络收集针对墨西哥中部102张户外城市空间照片的9000多份评价，调查发展中国家中的城市年轻居民对城市空间的印象，目标是从被研究城市的市民中，特别是青少年（16~18岁）那里获得对危险、肮脏、消极等与城市空间氛围相关的六个维度的集体看法。该研究展示了当地年轻人如何在众包环境中提供相关的城市见解，体现了众包注释（或评价）在不同维度均有较好的可靠性，也反映了从当地人获取对城市氛围感知的可能性与合理性。

Daniele Querci等（2014）针对城市感知研究存在参与者规模有限的问题，设计了一个众包项目，旨在大规模调查伦敦社区的哪些视觉因素可以让它们看起来美丽、安静或快乐。该项目量化每个社区的美学特质，汇总了超过3300人的投票，将它们转换成关于城市意象感知的定量分析。项目在技术上使用先进的图像处理方法，通过识别颜色、纹理、视觉文字等，确定那些导致街道被认为是具有美丽、安静或快乐品质的视觉线索。例如，绿化规模是与美丽、安静和快乐这三种品质的每一种品质最相关的视觉线索；而相比之下，宽阔的街道、堡垒式的建筑和议会式的住宅往往产生与之相反的品质，如丑陋、吵闹或者不快乐。该研究的重点是如何通过众包和可视化分析来识别那些对人产生关于城市品质意象的可视化特征，其学术价值在于发现或验证了是否能够自动提取解释城市景观的审美信息。

Lindsay T. Graham等（2011）等研究了使用Foursquare页面上由用户提供的图像来推断建成区氛围的可能性，并与线下组织实地考察评价的结果进行比较。在研究中，他们挖掘了关于地点的物理环境和心理特质（如嘈杂、惊悚等）、典型顾客的个性（如外向）以及可能的顾客活动（如跳舞），推导出关于建成区（建筑）氛围的感知或评判可以从三方面来描述，即物理或心理特质、位于那里的人的特质以及适合在那里从事的活动。

4. 城市环境

噪声地图为城市建成区环境中的噪声污染监测带来了方便，可以帮助市民意识到噪声污染的等级，也可以帮助研发克服噪声污染的方法。但是，目前关于城市建成区噪声地图的制作不仅成本非常高昂，而且更新缓慢（数月甚至数年），这与其目前在操作中更依赖于人口和交通模型，而不是真实的数据相关。R.Rana等（2015）认为基于智能手机的城市感知可以为创建实时噪声地图提供一个开放且便宜的平台，因此设计实现了一个名为Ear-Phone的噪声地图系统，并对其做了性能测试。这是一种端到端、情景感知、噪声映射系统的设计、实现和性能评估。使用智能手机作为噪声传感器的一个主要挑战是，即使在相同的位置，传感器的读数也可能会根据手机的方向和用户环境而变化（例如，用户是把手机放在包里还是拿在手里）。为了解决这个问题，R.Rana等研究开发了分类器来准确地确定手机感知情景，并根据情景由Ear-Phone自动决定是否感知。Ear-Phone还实现了可以由社会公众参与的简单现场校准。大量的仿真和室外实验表明，Ear-Phone是一种可行的噪声污染评估平台，不仅对移动设备产生的系统资源消耗比较合理，还能提供较高的噪声地图重建精度。

Air Quailty Egg项目[①]建立了一个空气质量学习系统，为市民参与空气质量监测提供了途径。该项目在市民家中安置传感器，通过WiFi和Internet上传至在线社区，人们通过在线社区提供的数据可视化查看空气质量并参与社区讨论。这样，每个人都可以轻松地使用实时空气质量数据进行真正的科学实验，这些数据是来自世界各地的其他人收集和共享的，从而可以帮助社会公众成为一名公民科学家。因此，Air Quailty Egg可以说是一个集成的、多功能的、有趣的学习工具与开源硬件，一个强大的Web和移动应用程序，也可以是面向下一代青少年的科学实验课程。

Radka Peterová等（2011）提出了一种自己动手制作（Do it Yourself，DIY）的环境感知方法，使公众能够重新认识和关注污染。他们研制了一种可交互的传感器样机PAIR，主要关注点是便携实时地感知环境，并为用户提供即时反馈，较好地例证了业余数据收集和参与式感知对城市居民的好处（图2.1–3）。PAIR的优点在于：1）提供了一个地方性区域尺度监视空气质量的新方法；2）增长了关于环境的知识，增强了环境保护意识；3）可用很低的成本采集到海量数据；4）可以凸显出以往活动足迹对环境产生的影响。在该方法应用之前来自官方机构的空气污染数据没有足够的细粒度，因此无法提高个人对空气污染的意识，也没有办法为患有呼吸系统疾病的人群提供有关他们所去地方或接触环境的

① https://airqualityegg.com/home

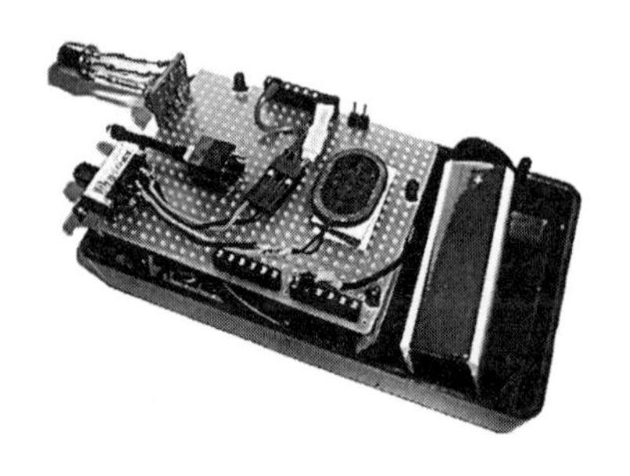

图2.1-3 PAIR 环境感知设备原型和空气污染数据采集（Radka Peterová et al.，2011）

个性化信息。然而，技术的民主化、移动设备与低成本传感器的连接有望提供另一种途径，即DIY环境感知，它可以帮助官方增长环境知识，也可以对个人接触的环境进行相对准确的评估。

5. 城市管理

随着智能手机广泛使用，给众包提供了更加宽泛的应用环境。通过无线网络可将新的传感器连接至智能手机上，智能手机可以被拓展承担新任务。Sebastian（2014）认为在数字城市环境中，智能手机几乎带来了一切，将来必将广泛使用。当前众包不是那么普及的原因可能在于人们不愿将关于自己的数据滥用。但是，将环境和传感器数据共享，给关于环境感知的新应用带来了可能性。移动应用之所以成为可能，是由于它了解用户位置、时间、路上的交通情况以及通常使用什么样的交通工具等。对于城市管理来说，通过众包来感知用户信息可利用手机感知用户位置信息等，分析城市公共服务的时间瓶颈、交通瓶颈，产生诸如提示下班前如何回家才能避免高速公路拥堵等新型应用。

由于城市快速发展和技术的进步，今天的城市设施变得更加复杂和多样化，如果他们发生故障或由于灾害而受损会导致生命和财产的严重损害。因此，有必要对城市设施以及与设施相关的紧急情况采取经济上行之有效的管理。然而，在传统的城市设施管理方法中，在监测城市设

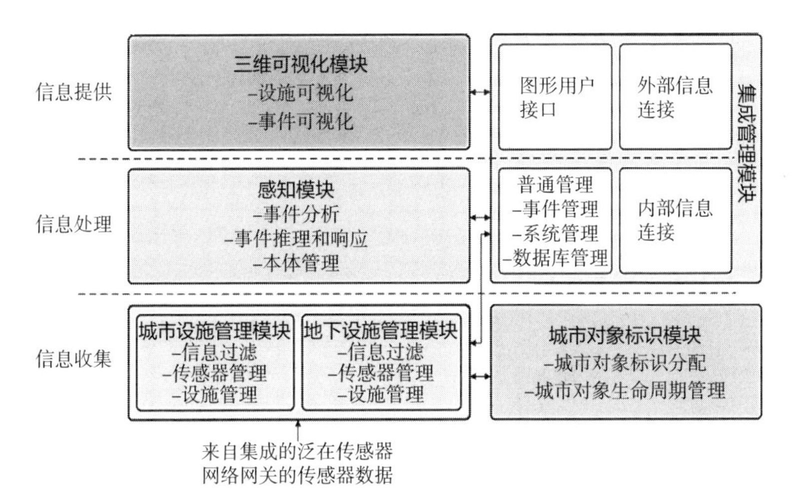

图2.1–4　IUFMS 系统功能模块（Jaewook Lee et al.，2013）

施状况和处理设施突发事件方面往往存在着局限性。针对传统城市设施管理和监测中的不足，Jaewook Lee等（2013）提出了一种将设施相关信息和管理功能集成的方法来使设施管理智能化，以采取实时的紧急响应，并通过建立智能城市设施管理系统（IUFMS，Intelligent Urban Facilities Management System）进行验证（图2.1–4）。IUFMS可通过传感器采集地面和地下设施的信息，分析数据和标识事件，生成关于预测事件的信息等。通过信息集成与功能集成，IUFMS可用于预先监测异常，并在对城市各类设施和它们之间的关系综合分析后采取恰当的措施。

6. 市民行为

Zhenhua Wang等（2014）认为通过挖掘网络数据来理解人类的行为，代表了社会行为研究的趋势。因此，能够产生海量电信运营数据的移动网络可以成为这些研究的最佳社交传感器。基于这样的认识，他们研究了一个利用移动网络辅助社会感知的实际案例，通过对大量移动网络用户数据集的智能处理揭示了用户行为的一些特征，如通信、移动和消费行为等，并可以发现这些行为特征之间的关联。例如，发现虽然一些用户的月通信支出费用是很相似，但是他们通信行为是不同的，而不同消费水平用户也可能有相似的通信行为；又如在统计上，移动性高的用户比移动性低的用户给电信企业贡献更多的每位用户平均收入（Average Revenue Per User，ARPU）；以及通过探索用户的移动集群模式，发现消费水平最高的用户是往往是最“孤独”的。案例表明相较于问卷调查，通信记录客观精确地反映了人们的真实生活，利用它来研究包括通信、移动、消费等在内的用户行为是可行的。

同样地，智能手机的普及可以实现对人的流动性进行高精度地刻画和建模。因此，有关人员流动的知识使许多领域的应用成为可能，包括城市资源和网络基础设施的高效规划，或者发布安全警报等。然而，在这些研究应用中普遍存在着两方面困难：一是有效捕捉、清洗、分析和存储真实的跟踪轨迹；二是实现对不同关联情景的准确预测。此外，对人员移动进行描述和建模仍然具有很大的挑战性。Long Vu等（2014）针对这些困难，尝试捕获和测量真实的手机传感器跟踪数据，对其进行清洗并构建预测模型。具体地，Long Vu等设计了一个方案，在伊利诺斯校园里部署了大型扫描系统，对校园123部Google Android手机进行了为期6个月的轨迹跟踪。通过对获取的WiFi和蓝牙印记进行特性研究，有了一些新发现，例如场所的访问模式、受欢迎的场所以及联系模式等。Long Vu等举例说明了对人员流动进行描述和建模的解决方案细节，如通过联合使用那些关于场所和联系的印记数据可以建立预测模型，用以推导和预测缺失的接触，并形成可预测的场所、持续时间和社会联系的信息框架。

7. 健康卫生

在健康卫生方面，尤其是针对传染病防控，利用大规模感知数据，生成群体交互网络，可以阻止通过网络途径传播的传染疾病。麻省理工学院的Serendipity项目[①]较早地指出了社会感知在疫情防控上所具有的潜力。Serendipity是一款手机应用程序，它可以在不认识的用户之间激发互动，而用户所要做的就是创建一个包含他们愿意与潜在朋友和同事分享的概要配置信息。有了这个配置文件以及一个移动电话，就可提供一个进入到令人兴奋的人群社区的链接。这项服务可以用来介绍新的业务伙伴，或与新客户联系。与Serendipity联合使用的是一个名为BlueAware的应用程序，可以扫描用户附近的其他蓝牙设备。当附近发现新设备时，Serendipity会自动识别设备的标识，然后向网关服务器发送信息并进行概要配置信息的匹配和相似性度量。如果两个人的概要配置信息相似，服务器则会提醒他们彼此位置邻近且具有共同兴趣。由于网络结构可以显著影响社交网络上发生的事件及过程，包括传染病的动态和进化，因此由BlueAware应用程序捕获的数据可对人类社交网络动态提供更现实的解释，进而帮助研究网络结构对疾病特征演变的影响，例如感染期和传播率等，以及对预防未来流行病进行更深入了解。

卡内基梅隆大学的研究（Mitchell T M.，2009）认为移动手机感知数据的分析结果可以用于干预疾病传播。另外，社会隔离感会导致老年人产生孤独、抑郁、厌倦等负面情绪，增加某些疾病的发病概率。基于社会感知技术可以发现与老年人密切相关的社群情境信息，帮助增强老年人与亲人、外界的联系和交互，将面向老年人的健康辅助从单纯的身体辅助上升到认知和社会性辅助，能够有效消除老年人的社会隔离感，提升生活质量。

英特尔健康和生命科学研究组针对全球人口快速老龄化给医疗组织和政府带来巨大压力的情况，尝试利用ICT技术建立开放的端到端平台，将多方组织、数据和服务集成在一起，以满足老龄人口的不同需要，如提高服务的性价比和将虚拟医疗体验带进家庭和社区等。研究

① https://ttt.media.mit.edu/research/serendipity.html.

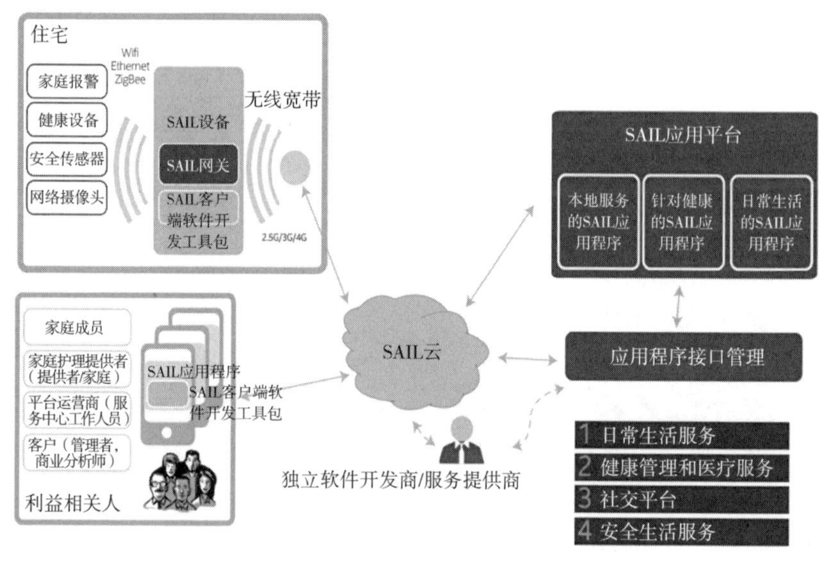

图2.1-5　SAIL体系架构（Linda Liu et al，2015）

组研究提出了名为“智能老龄化独立生活”（Smart Aging Independent Living，SAIL）的解决方案（图2.1-5），用以提高智能化和定制化的医疗服务（Linda Liu et al，2015）。SAIL方案是专门针对老年人设计的，它扮演着一个统一服务中心和智能网关的角色，将各种传感器、可穿戴设备和医疗设施连接在一起。SAIL云则进行数据共享和应用接口管理，优化各种针对老龄人口的应用和服务。开发的Healthy Aging就是一个典型的系统，通过红外摄像头和步程计检测老人的室内和户外活动，记录各自的信息，然后提醒老人和他的朋友可以在某个时间一起活动，例如外出散步等。

2.1.2.2　国内现状

1. 位置服务中的社会感知

武汉大学郭迟等（2013）利用定位技术，尤其是室外定位技术所产生的数据，进行社会感知计算，感知识别社会个体的行为，分析挖掘群体社会交互特征和规律，引导个体社会行为，支持社群的互动、沟通和协作。围绕基于位置的社会感知计算相关方法，分别从计算模型和评估手段两方面进行了系统的分类和归纳，重点阐述了什么是基于位置的社会感知及其计算框架，以及位置的社会性与人类行为的关联关系是什么样的。该研究主要从感知位置的社会含义、感知人类移动与其社交活动的关系、感知和预测用户的移动行为和感知用户的社会属性四个方面来展开。在实际分析及系统应用中，尤其是面对位置大数据分析时，常用的感知和数据挖掘方法涉及数据采集、数据分析、数据计算和存储以及可视化等一整套完整的方法体系。

2. 游客时空行为的社会感知

陕西师范大学李君轶等人（2015）利用互联网所产生的大数据资源，对旅游行业内的社会感知方法和应用进行了探究。作者在分析了现实地理世界、游客行为研究和社会感知计算之间关系的基础上，探讨了旅游管理、传感器、游客活动和推理机的相互作用，通过建立起的游客时空行为分析模型，研究了游客的时空共现和旅游流空间的转移，并以西安为例，将游客间的相互关系、旅游空间行为和旅游流空间的网络特征等问题进行了挖掘，进而发现游客的时空间行为规律。

3. 电力行业的社会感知

郑倩等人（2018）提出了一种基于社会感知计算的营销渠道服务网点智能化推荐框架和模型，并基于多种大数据技术开发了电力服务渠道网点推荐系统。该模型通过探讨客户网点推荐、传感设施和客户行为模式等内容，预测模型之间的相互作用机理，形成客户网点选择行为的社会感知计算概念模型；结合回归和预测技术，提出基于人工智能的社会感知推理计算。该研究更加深入地了解了用户的需求，为电网客户提供了更为丰富的决策信息，从而为用户网点服务推荐提供了新的思路。

2.2 语义计算

2.2.1 概念辨析

语义计算（Semantic Computing）在维基百科（Wikipedia）上被定义为是结合了语义分析、自然语言处理、数据挖掘等相关内容的计算领域，也是当前人工智能领域的热点和难点。语义计算研究三方面的核心问题：1）理解（可能是自然表达的）用户意图（语义），并以机器可处理的格式表达它们；2）理解可计算内容（各种类型，包括但不限于文本、视频、音频、进程、网络、软件和硬件）中的含义（语义）；3）将用户的语义与内容进行映射，以便进行内容检索、管理和创建等[①]。

在维基百科上也可以发现一些与语义计算关系密切的相近概念，例如计算语义、自然语言理解、语义Web、语义分析等。其中，计算语义和语义分析在概念上是最为相似的。

计算语义目的是捕捉自然语言表达中的意义，并以适合开展推论的方式表达，为理解人类口头语言或书面语言提供服务（Bos J.，2011）。计算语义被用来回答“计算机如何从句子中区分连贯的和难以理解的含义并识别新的信息，或者如何从自然语言段落中进行推断”等问题（Blackburn et al.，2005）。

语义分析是识别文本意义、主题、类别等语义信息的过程。从维基百科关于语义分析一词的解释看，其研究可以从多个领域切入，比如语

① https://en.wikipedia.org/wiki/Semantic_computing

言学（linguistics）、与计算机相关（computational）、机器学习（machine learning）、知识表示（knowledge representation）等[①]。在这些领域中，与计算机相关（computational）的语义分析将其定义为是语义分析和计算组件的组合，其中，语义分析是对意义的形式化分析，计算则是指原则上支持在数字计算机中有效实现的方法[②]，因而，也更直接贴近语义计算的概念。

自然语言处理（Natural language processing，NLP）在维基百科中被定义是计算机科学、信息工程和人工智能的一个子领域，研究计算机与人类（自然）语言之间的交互作用，特别是如何编写程序来处理和分析大量的自然语言数据。自然语言处理中的挑战常常涉及语音识别、自然语言理解和自然语言生成[③]。

上述几个相关的概念都是计算机科学、人工智能和信息工程的交叉领域，都与对人的自然语言表达进行处理和分析相关。其中，自然语言处理较为关注基础层面的内容，强调计算机技术实现；语义分析概念较为泛化，体现出语义识别过程中多种技术的综合应用；计算语义表达了语义的可计算性，可通过计算机捕捉其中的含义；而语义计算则表达了语义理解与计算机之间的交互关系、语义理解的对象、语义理解的应用等内容，更加全面地体现出其技术和应用的内涵。由于本书涉及的是利用计算机从海量文字信息中提取、挖掘出对城市规划设计和城市问题研究而言有价值的信息和有意义的知识，帮助规划师们理解隐含在文字中的市民对规划实施的反应等内容，因而“语义计算”这一概念更能体现出该应用的技术内容。

① https://en.wikipedia.org/wiki/Semantic_analysis
② https://en.wikipedia.org/wiki/Semantic_analysis_(computational）
③ https://en.wikipedia.org/wiki/Natural_language_processing

2.2.2 研究和应用

能够用自然语言表达、能够理解自然语言是人类智能的一种本质表现，自然语言处理技术从20世纪70年代人工智能研究开始就一直是基础而极具挑战性的研究方向，包括对自然语言的句子或者篇章进行语法分析、语义分析和语用分析，以获得其语法结构、各语法单元之间的含义关系、整个句子（篇章）在上下文（环境）中的意思。自然语言处理的挑战来源于自然语言的模糊性、多义性、省略、隐喻、与上下文密切相关性、与背景知识密切相关性等，中文自然语言处理因需要进行中文分词而越发困难。自然语言处理技术早期以基于规则的方法为主，主要根据语言文法或者人工总结的规则对句子（篇章）进行分析（parsing），这类方法准确率高，但覆盖面非常有限；由此基于统计的方法开始占据主流，包括概率图模型和各种统计机器学习方法，缺陷在于需要大规模人工标注语料和人工设计特征表示。近几年随着深度学习的兴起，基于深度学习的自然语言处理取得了重大进展（黄萱菁等，2016）。最关键的是2003年词向量表示方法（word embedding）的提出（Benjio et al.，2003）和2013年word2Vec技术的成功（Mikolov et al.，2013），基本思想是基于神经网络从上下文中学习单词的连续向量表示，具有相似语义的单词具有相似的向量，以该方法为基础发展出了一系列的向量表示技术，例如对句子和文本的向量化，这些技术的特点在于不需要人工设定特征表示，可以直接进行自动的表示学习（representation learning）。这使得很多自然语言处理任务都取得了前所未有的成功，包括文本分类、机器翻译、自动问答、自动文摘、对话系统、阅读理解、字幕生成以及情感分析等。除了自然语言理解，深度学习技术也极大推进了自然语言生成任务的实现，包括自动作诗、自动对联以及专利写作等（Huang et al.，2017）。

语义计算的研究与自然语言处理与理解、本体、知识推理等技术密切相关，其中本体为语义分析提供了领域知识背景。本体（Ontology）是领域概念性知识的一种形式化表示形式，它起源于哲学，而在人工智能、数据库、软件工程等研究领域产生了重要应用。语义网（Semantic Web）由Tim Berners-Lee在因特网和万维网的基础上提出，是下一代因特网发展的重要方向。网上各种Agent（代理）或应用系统为了进行合作通信首先必须互相理解，本体可以用来对网上资源进行语义标注，从而支持实现语义网上的知识共享和互操作。一般说来，基于描述逻辑的本体由概念组成，概念在结构上构成父类和子类的层次关系。概念的语义由一系列充分必要条件和必要条件来定义，每个条件描述了概念的某个属性，可以是数值属性，也可以为概念之间的属性关联。一个本体由TBox和ABox两部分组成，前者表示概念层的知识，后者表示实例之间的关系，即数据，相应地分别有TBox推理和ABox推理，具体的推理功能包括概念分类、一致性检查和实例检测，即根据概念语义定义自动推理得到概念之间的分类结构、检查是否存在矛盾的概念语义定义、判断某个给定的实例是否属于某个概念等。本体的标准语言是OWL（Ontology Web Language），有三个子语言：OWL Lite、OWL DL和OWL Full，它们的表达能力依次递增，其中OWL Lite和OWL DL的推理具有可判定性，而OWL Full的推理是不可判定的。与非基于逻辑的本体相比，基于描述逻辑本体的特点在于它对概念的严格逻辑语义定义，从而使得自动推理成为可能。进一步地，针对不同类型的应用OWL DL语言提供了三个Profiles，即OWL2EL、OWL2QL和OWL2RL，分别重点支持海量的概念分类、海量实例数据的查询回答和表达能力强的规则推理，代价是降低语言的表达能力，比如去掉全称量词、不容许表达基数的公理等。

语义网技术已经有了近20年的发展历史，形成了一整套的理论、技术和工具，包括本体描述语言、本体建模工具、推理机、查询语言等，在众多领域得到了应用，也因此产生了大量的领域本体，这些本体常具有海量的特点和复杂的语义结构，比如生物医学领域本体，被应用于智能搜索、知识集成、辅助决策等。Tim Berners-Lee近些年倡导的互联（链接）开放数据（Linked Open Data，LOD）旨在将各种通用的领域本体和语义网数据进行丰富的语义链接，以更强地支持智能应用，这是实现语义Web远景的一种实用方法，目标是使Web成为一个全球性的、分布式的、基于语义的信息系统。互联（链接）数据是指使用Web来连接以前没有链接的相关数据，或者使用Web降低目前使用其他方法链接数据的障碍。更具体地说，Wikipedia将链接数据定义为“一个术语，用于描述使用统一资源定位符（Uniform Resource Locator，URL）和资源描述框架（Resource Description Framework，RDF）在语义Web上公开、共享和连接数据、信息和知识的推荐最佳实践。”LOD的云图如图2.2所示。截至2019年3月，该链接网络已包含1239个数据集和16147个链接，涉及卫生、政府管理、娱乐、商业、学术、体育、文化、音乐、媒体以及旅游等广泛领域。

海量的本体和语义数据链接在一起催生了当前非常热门的研究方向——知识图谱（Knowledge Graph），将传统的符号推理与数值计算和

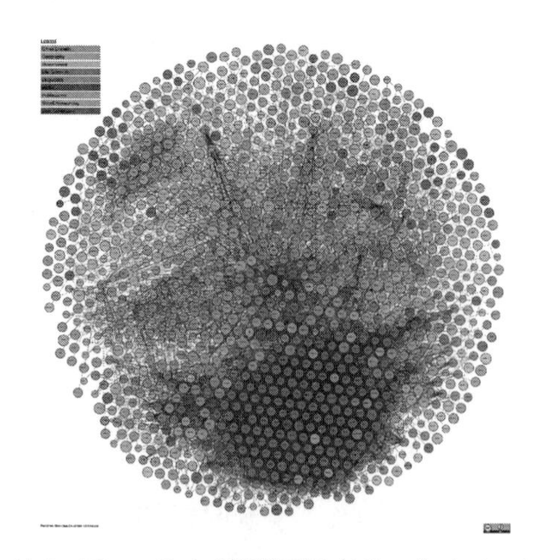

图2.2　Linked Open Data 数据集云图（https://lod-cloud.net/）

神经网络模型相结合，将语义网技术推进到了一个崭新层面。知识图谱的概念由谷歌（Google公司）于2012年正式提出，谷歌公司的知识图谱可以了解关于人、地点和事物的事实，以及这些实体之间的联系。谷歌启动知识图谱是为了给搜索提供答案，而不只是链接；可以帮助提高用户搜索结果的相关度，有时也用于在搜索结果中显示提供直接答案的知识盒子[①]。知识图谱对于人类而言，可以在当前信息过载的情况下用来提炼知识，可以以直观的结构来探索知识，也可以作为一个工具开展知识驱动型的任务。对于人工智能而言，知识图谱可以作为人工智能任务的关键要素，可以建立从数据到人类语义的桥梁，用于知识搜索、知识发现和决策支持系统中。在谷歌公司不断引领和推动下，知识图谱已经成为机器智能系统中越来越重要的组成部分。

知识图谱本质上可以视为是关于语义网络的知识结构，或者是知识库，可以表示语义网络上映射的关于现实世界的概念、个体、属性以及它们之间的关系，从而支持让计算机具备认知能力和理解能力，为人工智能提供知识背景。因此，将知识图谱与自然语言处理技术融合使用，以实现从互联网海量文本数据中提取知识，在各种独立的信息碎片间建立关联，形成面向用户搜索的知识答案，已成为近年来人工智能中使用知识图谱支持自然语言处理应用的常见场景。因此，知识图谱近年来发展尤为迅速，在舆情分析、军事情报分析、商业情报分析以及金融营销和预测分析等基于大数据的精准分析中普遍应用。

2.3 发展现状分析

伴随着信息通信技术（ICT）的迅速发展和大数据时代的来临，人

① https://searchengineland.com/library/google/google-knowledge-graph

类社会再次面临深刻变革。大数据由于ICT技术能力不断提高和应用范围不断拓展，为各行业结合自身需要开展信息技术的创新应用带来了更多的可能性。社会感知是在ICT技术发展背景下，由于关于城市和社会经济的数据获取、处理和分析能力不断提高而形成的交叉研究领域。

城市是社会感知和大数据研究应用的重要领域。目前，与城市研究或者城市规划设计相关的社会感知应用在城市用地、意象、交通、管理、环境、公共服务和市民行为分析等方面均有涉及，显示出活跃的学术氛围和研究价值。但是，从城市研究和城市规划的综合性、整体性考量，这些探索大多数是局部应用点的尝试，尚未形成成体系的研究，未能建立城市规划社会感知的理论方法和技术支撑的框架体系，也未能与城市规划学科和业务工作的重点内容建立密切的对应联系。例如，目前对于城市意象的社会感知研究，主要涉及了社会公众对城市印象相关的、一般性的可视化元素，包括了色彩、纹理、斑块、密度等。但是，城市规划设计专业领域对城市意象的感知是复杂的，不仅是可视化因素，更多的是社会各种因素和专业因素的综合构建。因此，目前关于城市意向的社会感知研究尚未全面探讨公众对城市建立情感和印象的城市设计因素（如凯文林奇对于城市意象的研究，主要是城市的空间可识别性，如道路、边界、区域、节点和标志物等空间要素），以及城市规划设计中各管控要素之间的关系。

从社会感知的手段看，除了布设专门用途传感器外，多数研究都利用了智能手机技术以及移动众包的形式，这依赖于智能手机的广泛使用，同样也依赖于广大市民的参与。Nicholas D. Lane等（2008）定义了两种依赖市民参与的感知，即参与式感知（Participatory Sensing）和伺机型感知（Opportunistic Sensing）。参与式感知是在传感器上设置由人参与的决定环节，由人（传感器的使用者）来决定将什么样的传感数据进行分享，因此对应用软件要求高，需要广泛的人群参与。伺机型感知是由传感器进行状态自动检测，其在应用上的挑战在于需要检测到触发状态，即传感器管理者或使用者状态。从本质上讲，无论是参与式感知还是伺机型感知，都是以移动的人为中心的感知方法。参与式感知自不必说，而伺机型感知中，尽管传感器应用的使用者或管理员可能不知道正在运行的应用程序，但是传感设备（例如手机）的状态（例如地理位置、身体位置）等还是依赖于人的移动（活动）。而且在伦理上，传感器采样只有在满足使用者对于隐私和透明性要求的情况下才得以进行。这些应用上的要求使得传感器布设和数据采集等均收到很大程度上的限制。

在现有社会感知研究中，由于空间大数据获取建立在海量群体空间行为的基础上，因此使我们能够更好地感知人的行为模式，建立其与地理环境之间的耦合模型。我们认为建立在社会感知基础上的公共政策制定，更能够体现“以人为本”的理念，有着广阔的应用前景。空间大数据为我们提供了一条透过海量人群的空间行为模式去观察、理解地理环境特征及影响的研究路径。社会感知概念的提出正是概括了空间大数据的这种能力。

尽管语义计算等自然语言处理、分析和挖掘技术随着大数据时代的来临进步飞速，但在应用到城市研究或城市规划行业这一具体领域的语境中时，相关研究探索还比较少，仍然有诸多理论和技术方法上的内容有待研究和实践。尽管城市规划行业社会感知的业务需求强烈，文本类型的数据源也海量存在，但是由于大量文字信息都处于未组织状态，这给查询、检索和规划知识生产、运用带来了极大障碍。语义计算技术对大数据环境下海量文本信息资源进行自然语言处理和计算解析，已成为当下技术前沿和热点，也给城市规划工作中的社会感知，尤其是对城市精英和社会公众的思想、言论、意见等分析和提炼提供了技术能力。鉴于城市规划工作的综合性和复杂性，规划社会感知的应用场景也是丰富多样。此外，各种新兴的技术之间也不是彼此割裂的关系，而是相互补充、相互支持和相互印证的关系。在城市和规划问题研究时，应将这些技术加以综合运用，发挥联合的技术优势。基于互联网等开放语料的语义计算较容易实现从市民感受的视角对既有规划进行认知和印证，这实际上也就是对规划实施现状的调查。同时，在一定维度和条件下，可以给城市规划工作提供更多的线索。

然而，通过对国外相关研究、技术及案例的梳理和归纳总结，可以发现将语义计算技术应用于社会感知和城市规划领域的研究和实践还明显存在三方面的不足。

1. 理论方法体系尚不完善

总体上社会感知和语义计算技术的研究和应用相对来说彼此还比较独立，已有研究大部分是在各自的领域中开展，将两种技术相结合并与那些已经在城市规划领域得到广泛应用、发挥重要支持作用的技术综合集成，从而为城市规划提供服务的相关研究较为少见。目前，在城市规划领域应用社会感知和语义计算技术的理论和方法体系研究十分短缺。因此，开展利用语义计算技术进行社会感知并应用于城市规划行业的理论方法、关键技术及应用实践研究具有十分重要的意义。

2. 技术方法缺乏行业针对性

国内外已有研究中，数据多集中于电子传感器所获取的数据，对于实时产生的网络大数据资源涉及较少，尤其是海量文本大数据的分析。已有语义计算技术主要是围绕一些技术点研究，一般基于统计学方法以及通用性的知识、规则和词典，这些方法适合于对普通类型文本进行分析，虽具有一定的可用性，但由于具体领域针对性不强，并不适合应用于特定专业或行业。因此，研究探讨面向城市规划行业的社会感知和语义计算技术方法就变得十分必要。

3. 缺乏规划行业的相关实践应用

现有规划行业的大数据应用主要关注手机信令、智能手机APP应用、出租车GPS、公交IC卡刷卡记录、微博签到以及专门布设的传感器等数据，通过这些数据感知市民出行活动和行为的时空规律，应用于职住关系、城市土地使用、城市空间活力、城市人流的分析。社会公众情感倾向性分析、话题分析、意见和观点内容的挖掘及其空间分布分析等内容，在规划行业的研究和应用实践中不仅数量上较少，而且应用场景较少，应用深度较浅。随着网络文本大数据日益丰富，该类数据已经具备了应用于城市规划和城市研究中的条件，可以结合城市规划工作进行深入地探索实践。

综上所述，现有研究中从城市规划视角研究社会感知的文献较少，在社会感知中应用语义计算技术的探索和研究也不多，研究社会感知对城市规划的影响以及如何面向城市规划建立社会感知语义计算系统的研究和实践更是稀缺。未来，应更多地基于语义计算技术将社会感知应用于城市规划领域，应尝试在规划编制、实施、评估、监督中全面地开展社会感知语义计算研究和实践，以更加深入、广泛地为城市规划工作提供洞察和洞见，密切规划与社会的联系。同时，城市规划和城市研究工作依赖于全体市民的共同参与，需要发挥出社会感知语义计算成果的价值，反馈给公众，唤醒公众意识，改变他们自己的行为和思想。因此，城市规划工作迫切需要及时地适应信息时代在感知、认知、决策等方面给社会带来的巨大影响，在规划平台、成果形式、项目类型、决策支持、服务内容和层次等方面推动规划公众参与，提升规划工作者社会感知的能力，提高规划工作解决城市实际问题的能力以及决策行动的科学品质，促进规划转型和创新发展。

第3章
城市规划社会感知的多种视角及意义

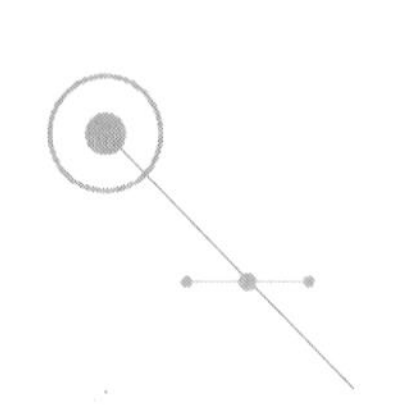

是否准确理解行业需求，是否以行业需求为牵引开展针对性的研究和实践，是技术应用是否综合、是否有效和是否成功的前提。本章结合城市规划工作，在理论上对社会感知的规划应用需求，尤其是基于智能语义计算的社会感知应用需求进行多种视角的剖析，以期对基于语义计算的城市规划社会感知形成较为全面、准确的理解。

3.1 媒介、人民与城市视角

3.1.1 媒介

媒介是用来存储和传递信息或数据的通信工具[①]。人类社会从古至今，媒介形式的发展大致经历了口语媒介、文字媒介、印刷媒介、电子媒介和网络媒介五个阶段（孟庆丰，2007），如图3.1–1所示。在持久的演进过程中，从形式不固定的口头语言、直接传达到抽象文字的稳定物化、间接阅读；从笨重不便的记录材料到廉价方便的纸质流转；从手工抄写、有限低效地复制到活字印刷、广泛散布；从权贵阶层专用独享到

① https://en.wikipedia.org/wiki/Media_(communication)

普通大众广泛使用；从人个体生理活动范围内的传达到跨越时空的无限传播，媒介的发展和演进极大地推动了人类社会在政治、经济和文化方面的文明和进步。在很大程度上，人类社会文明发展史就是一部媒介发展史。同时，媒介是"信息"传递和交流的手段和介质，因此，媒介发展史也是信息技术发展史的重要组成部分。

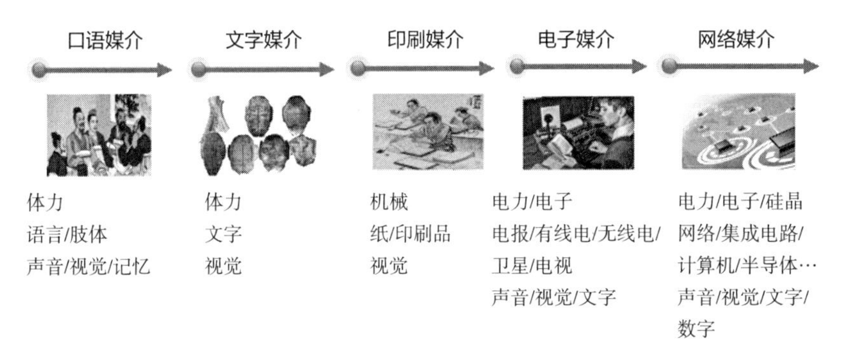

图3.1-1　媒介发展的五个阶段

3.1.2　人民

对于媒介演进过程，学术界有一种"人的延伸"观点。加拿大媒介理论家马歇尔·麦克卢汉在其著作《理解媒介》中写到"媒介是人的延伸"，"一切媒介都是人的肢体部分向公众领域的延伸，一切具有延伸人体之功用的东西都是媒介，一切技术都是肉体和神经系统增加力量和速度的延伸"（马歇尔·麦克卢汉，2000）。无独有偶，美国社会哲学家刘易斯·芒福德在1934年完成的著作《技术与文明》中写到"人类在技术革新过程中不断创造摆脱自然束缚的工具和机器"（刘易斯·芒福德，2009）。他进一步以电话、留声机、电影等媒介技术举例说明，认为这些"是基于我们对人的声音、眼睛的兴趣以及对发声和视觉器官的生理和解剖的了解而制造出来的"（刘易斯·芒福德，2009）。可见，人类社会的需求和选择对媒介技术演进起到了重要推动作用；反过来，媒介技术发展也不断提升人类的活动和思考能力，促进社会整体进步。从两位学者论述中也可看出，在人类文明的发展历程中，不仅是媒介，所有技术进步都在不断延伸着人的身体能力，而且也始终是围绕着人类需求而发展进步的。同时，人类自身需求与技术发展相互交织，互相促进，不断丰富着人类文化生活，提升着人类社会文明程度。从这个意义上讲，无论是媒介技术还是其他类型的技术，“始终是人类文化整体的一个组成部分，从未与文化彻底分离”（刘易斯·芒福德，2009）。

沿着“人的延伸观”认识，芒福德创造性地用“机器体系”这个词对人类历史上的整个技术体系进行了概括。他所称之的“机器”，“涉及工业取得的或新技术所隐含的所有的知识、技能、技巧等，包括各种形式的工具、设备、设施、国家机器和社会组织结构等，也包括类似印刷机、纺织机等具体的机器。”（刘易斯·芒福德，2009）。芒福德基于“机器体系”的思考，进一步地将人类社会技术发展历史划分为四个时期，即“前技术时期”（公元1000年前）、“始生代技术时期”（公元1000年～公元1750年）、“古生代技术时期”（公元1750年～公元1900年）和“新生代技术时期”（公元1900年后），分别对应了“机器的胚胎期”、“机器的准备期”、“机器的工业化”和“机器的自动化”（图3.1–2）。与一般技术发展史认为人类社会的机器起源于十八世纪工业革命有所不同，在芒福德眼中，人类社会的机器时代在人类原始时代就已出现了雏形，只不过当时机器的驱动能源是人力，机器的构件都是人类身体部件。可以说，人类自己是机器，也创造了机器（技术），人类在机器（技术）发展过程中决定了技术需求、技术内容、技术应用和技术发展方向。

图3.1-2　芒福德基于机器体系思考的人类社会技术发展历史阶段划分

3.1.3　城市

虽然芒福德创新性地从“机器体系”的视角对人类技术发展史进行了划分，但是他对于这种“机器体系”在人类社会发展过程中是否扮演着正面角色却抱持怀疑态度。他认为，“机器体系”的发展和应用往往是一种机械思维，如“原始人类通过创造工具和武器，目的是为了掌握主动权，控制各种自然力量。而如今的技术条件下，人类不仅仅控制了自然，而且还让人类远远脱离了自身生存的有机环境”（唐纳德·米勒，2016）。这种情况“导致了一个强调控制、规则、标准化、组织化的机械思维框架，无论是主观体验或是直觉、情感这类精神范畴的概念，都找不到应有的位置，人类思维和行动方式不是一种有机的思维。”（唐纳德·米勒，2016）。

芒福德同时作为城市研究和城市规划大师，他指出了这种“机器体系”的机械应用对于人类生活空间——“城市”所带来的负面影响。在芒福德眼中，城市建设未能作为一个有机整体对待，都市幻影呆板、单调，缺乏审美特点，也缺乏应有的人情味。例如，他写道“城市刚硬的机械秩序将都市社会的丰富性取而代之。都市总装配线上生产出来的城市标准单元产品，源源不断地扩展，延伸着城市的物质结构，同时却又无时无刻不损毁这都市生活的内容和意义”；“当前的城市，无论作为一种运行机制，作为社会介质，或是作为一件艺术作品，都无法实现现代文明所呼唤的伟大期望，甚至不能满足人类一些最基本的需求。”（刘易斯·芒福德，2009）。因此，现代城市发展面临的种种问题，与“机器体系”发展影响下的机械思维以及单纯强调城市物质空间有莫大关系，技术在城市中应用追求的是规模、控制、统一、效率和收益等，这是一种技术的机械运用，与人类文化的有机整体分裂开来，最终导致了“城市俨然成为一个巨型机器”（唐纳德·米勒，2016）。

总之，作为人类技术体系一部分的媒介，其演进发展的五个阶段是人类器官所拥有的视觉、听觉和记忆等在时间、空间范围以及速度、效率上的不断延伸（或进步）；而包含了媒介的技术整体作为一个机器体系，其发展也是对人的延伸。但是，机器体系不断发展而产生的机械思维和机械的机器应用，却给人类社会带来了负面影响。对城市而言，最直接后果就是城市未能被当作一个有机的整体，未能在技术“有机”地使用和“有机”规划的牵引下发展。从历史发展回顾和前人思想认识中可看出，技术的发展和应用都需要与人类自身、人类所处的物质环境和社会环境形成一个有机整体，技术只是手段，其最终目的都是由人来使用，并为了解决人类自身的需求而提供服务。

3.2　城市规划公众参与视角

城市规划公众参与既是维护社会公平、公正和公众合法权益的必要手段，也是规划方式由蓝图式目标转向政策性规划，促进规划民主决策、提高规划成果科学水平、保障规划顺利实施的重要举措。

城市规划公众参与自20世纪60年代在国外逐步兴起，我国也已在规划工作中引入公众参与观念二十余年，其目标是改变自上而下的“精英规划”模式、保障社会公共利益和公众民主权利、提高规划的公众可接受度和可实施性、提高规划决策民主性和科学性。尽管规划公众参与在从无到有的过程中逐步得到加强，但不可否认，其在研究、实施过程中无论是深度还是广度均存在不足，规划工作者仍然需要结合所处时代的社会、经济、技术发展状况做进一步思考和完善。

公众参与是公民通过一定渠道参与政治、社会公共事务管理等活动，就涉及自身利益或者公共利益的问题发表意见、表达诉求，进而影响立法或决策，使之公正、公平、民主和科学的过程。近几十年来的规划研究和实践经验表明，规划公众参与是推动规划理论发展的重要力量之一，其重要性在行业内也被广泛认知。我国城市规划法中对于规划制定、实施、修改和监督检查不同阶段的公众参与也均提出了要求，但是在具体执行过程中，目前总体上还面临着热情不高、程度不深、效果不佳、缺乏制度和技术支撑等问题（周建军，2000；郑明媚等，2012；贾文兵，2009；郑彦妮等，2013）。对照谢里·阿恩斯坦建立的公众参与阶梯理论（如图3.2所示），目前国内外规划公众参与大都处于没有参与或象征性参与阶段，即社会公众基本处于被操纵、被教导、被告之、征询和安抚的层面，离社会公众参与规划编制和实施全过程，尤其是参与规划决策、实现其公民权利的目标距离尚远。

由于规划公众参与过程自身的复杂性，导致了其在参与程度、参与层次和参与效果等方面存在困难的原因也是多方面的。下文从参与规划内容、参与途径及保障机制三个方面来做剖析。

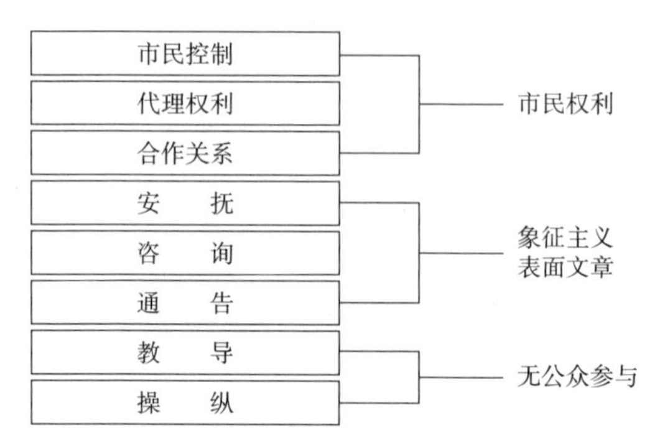

图3.2　谢里·阿恩斯坦的公众参与阶梯理论（Arnstein S. R.，1969）

3.2.1　参与内容

城市规划工作中的公众参与可发生在规划编制、规划实施、规划监督和评估的不同阶段。无论哪一阶段，从规划内容上看，主要是总体或区域规划、控制性或修建性详细规划两个层面。表3.2–1从与公众关系密切程度、参与条件、参与形式、参与效果四个方面总结对比了这两个层面规划公众参与的现状特征。可以看出，由于直接利益的密切相关、公众诉求的微观明确、参与门槛低、参与形式多样等原因，社会公众参与度较高、效果较好的规划内容，主要是控制性详细规划或修建性详细规划，而在更为重要的、与城市总体发展战略和布局息息相关的、对城市发展和人民生活影响更大和范围更广的总体规划或区域规划层面不仅参与度低，也缺乏类似控规层面普通公众能够直接参与规划的咨询、质询、对话、研讨等制度和机制。尤其是总体规划层面的参与内容，很大程度上需要专业规划背景、熟悉相关知识、长期跟踪领域发展、了解基本历史状况等，这对于普通公众无疑具有相当难度，一般只有行业内的职业规划师、规划领域研究专家或者规划行政管理工作者等才具备专业参与能力。

社会公众参与城市规划内容的对比　　　　表3.2-1

	控制性和修建性详细规划	城市或区域总体规划
与社会公众密切程度	利益相关 显性 直接 诉求微观	利益相关 隐性 间接 诉求宏观
参与条件	熟悉周边情况	专业规划背景 相关知识技能 长期关注积累
参与形式	问卷调查 访谈、听证、讨论 公示、质询	抽样问卷调查 专家咨询 公示
参与效果	较好；参与度高	较差；参与度低

3.2.2　参与途径

根据我国《城乡规划法》，公众参与规划的途径主要有接受调查、调研或访谈，参与论证会或听证会，查询和阅读公告或公示，参观规划展览等形式。表3.2–2总结了各种参与途径的主要特征。

社会公众参与规划主要途径和特征　　　　表3.2-2

参与形式	优点	缺点
调研　调查　问卷	现势性较强 途径正规、正式	参与主体随机性较大 受访者思维易受调查问题影响 问卷内容受设计者影响较大
公示　公告	易传播 简单直观 通俗易懂	形式单一 缺乏交流 反馈有限
论证会　听证会 咨询会	专业知识基础好 直面交流，表达与讨论充分	参与主体存疑 代表广度有限
展示　展览	表现直观形象 利于理解规划目标 具备一定交互性	地点、形式固定 更新慢，现势性弱 成本高，反馈意见搜集困难

从表3.2–2可以看出，现有各种规划公众参与途径既有各自的优势和适应性，也存在着不足之处。最为突出的是参与主体难以明确，有随机性，且代表性难以全面；客观的公众意见难以及时有效地获取、汇总和表达等方面。由于规划方案是协调各利益相关方并兼顾整体公共利益的结果，一个规划项目涉及的利益内容对于不同主体而言会有不同诉求，所谓整体公共利益对于不同主体也有不同理解，因此如何针对具体规划研究内容，明确有参与需求的个体公民、公民组织、企业单位等，并具有广泛代表性，在实施操作层面具有相当难度。对于总体规划或区域规划，由于其空间范围大、研究内容综合、影响范围广，大规模的公众参与难以操作实施，如何确定公众参与主体、降低参与成本更是棘手。

3.2.3 参与保障

目前对于规划公众参与在体制机制上的保障主要包括了法律法规和工作程序两个方面。在法律法规上，国家《城乡规划法》、各地城市规划条例等均对公众的知情权、参与途径以及如何听取公众意见、违反公众参与原则的法律责任等内容作了明确规定。在工作程序方面，规划管理部门对咨询、质询、对话、研讨、公示等公众参与环节一般都进行了设置，并有相应的操作方法。虽然目前在规划制定、实施、监督检查等不同环节中的公众参与上具有一定的保障机制和方法，但是这些机制和方法以及产生的公众参与结果大多只服务于规划工作的某一阶段、某一项目或任务，在不同环节、不同任务间缺乏彼此的关联和反馈，公众参与对规划工作的整体推动效应难以发挥。

因此，通过公众参与内容、途径和保障三个方面的分析，可以看出总体上目前规划公众参与基本为被动参与或单向告知，距离规划工作的全过程参与、充分表达公众意见、行使公共权力的目标相距甚远。规划公众参与在内容、形式上尚不能完全做到充分体察、有效表达公众意见。规划工作者在公众参与中单向索取的角色浓重、依赖性强，自身的主动能力和专业特长发挥得不够充分。规划公众参与的主体常常难以明确，参与公众代表性往往备受质疑，尤其体现在城市总体规划和区域规划等大范围空间尺度的重大规划决策层面。此外，规划公众参与在保障上大多存在于规划制定、实施、监督等工作过程的特定、局部环节中，未能形成系统完整的实施操作体系。

3.3 城市规划决策支持视角

长期以来，城市规划行业一直致力于将计算机等信息技术整合在规划工作中，以提高规划工作效率和分析能力，提高规划决策的科学性。在各种不同实践中，规划支持系统（Planning Support System，PSS）的研究与发展历史悠久，也最为引人注目。规划支持系统自1989年被提出以来（Harris B.，1989），伴随着信息技术的发展而进步，通过与模型、地理信息系统（Geographic Information System，GIS）、公众参与地理信息系统（Public Participation Geographic Information System，PPGIS）、三维地理信息系统（Three Dimensional Geographic Information System，3DGIS）、决策支持技术等手段的运用（Harris B，Batty M，1993；Klosterman R，E，2001；Geertman，S，2001；Stan Geertman，John Stillwell，2003），在城市规划领域的诸多方面都得到了应用和实践，涉及问题分析、数据搜集、增强参与、空间和趋势分析、数据模型、可视化与显示、情景构建和映射、规划制定、规划报告准备和协作式规划决策等（Stan Geertman，John Stillwell，2004），发挥出了信息技术的作用。尽管规划从业者对PSS在城市规划中具有积极作用予以肯定，但不可否认的是，PSS的开发和实践与城市规划工作者的期望仍有较大距离。（Vonk，G. A.，2006；Te Brömmelstroet，2012）。

3.3.1 规划支持系统发展瓶颈

对于PSS，正如其名，其提出和建设目标是要给城市规划工作提供支持。它是一个将一系列以计算机为基础的方法、模型组合而成的一个综合系统（Harris 1989；Geertman & Stillwell，2003），是由对规划有用的信息技术组成的信息框架（Klosterman，1997），可在规划过程中构建不同类型知识的交互（Klosterman，2001），通过共享的启蒙过程建立谈判的知识等（Amara et al.，2004；Gudmundsson，2011）。地理信息系统（GIS）也是PSS的重要组成部分，用以支持在城市规划中研究、标识、分析、可视化、预测、解决、设计、实施、监测和讨论空间问题。尽管PSS一开始的提出设想很满足城市规划工作需要，但是在规划实践中的应用仍然与人们期望差距较大（Vonk，G.A.，2006；Te Brömmelstroet，2010），具体表现在数学上复杂，僵硬、缓慢、难以理解，不够透明（Te Brömmelstroet，M. 2016），太技术导向（而非问题导向），不够灵活，用户不友好，太局限关注于技术理性，与规划任务的不可预测和灵活特质不符，与信息需要不符（Marco te Brömmelstroet，2013）等方面。

3.3.2 规划支持系统自我完善

在如何改善PSS上，近年来一些学者尝试从理论上探讨提高PSS实用性和成效的途径，对测量和评估PSS的性能和可用性等进行了深入研究。例如 Marco te Brömmelstroet（2013）提出从改善规划过程和改善规划结果两个层面的多维框架来提高PSS性能。Pelzer等人（2015）从规划任务与技术契合的视角来理解PSS可用性，并通过实践证明了在面向“研究、选择和协商”三种不同的规划任务时，PSS所起到的支持作用是不同的。

可以说，PSS无论是其一般性的定义、目标，还是在自我评估和完善上，基本是从技术理性的角度来思考如何给城市规划提供支持。在PSS不足的表现上，虽然有些因素与技术方法和系统实现有关，如软件复杂、不够灵活、界面不够友好等，但不可否认的是，PSS在将规划与社会的密切联系上，尤其是在将规划设计与规划实施过程中的各参与主体密切联系在一起的方面，作用未能得到彰显，体现在对能够反映社会状况的数据获取、分析和挖掘的能力欠缺、PSS开发者与PSS使用者的脱离以及PSS缺乏应有的人文色彩，结果是导致了PSS太注重技术理性、缺乏透明度、与规划的动态特性不符等。尽管PSS在利用ICT技术加强公众参与方面做了比较多的尝试，试图更多地将城市的主人——市民纳入规划过程和规划决策，但是由于规划公众参与是个难以组织的过程（Exner，2015），PSS在这方面难以发挥出令人满意的成效。近年来，城市规划社会公共政策属性表现得越来越显著，如何维护社会公平、公正和公众合法权益成为规划编制和实施过程中的核心问题。规划编制与实施过程也由原先强调蓝图式的、关注物质空间的技术过程，逐步转变为强调规划社会空间、规划社会过程和规划公众参与，以提高规划的社会价值。因此，PSS若想在城市规划中发挥出更大作用，需要增强PSS的规划社会感知能力，使之成为将规划社会过程体现于规划编制、实施和监督各个环节的重要技术保障（Yu et al.，2017）。

3.4　社会感知的规划意义

3.4.1　“人”的延伸

在第2章中提到了“城市感知”（Urban Sensing）、“参与式感知”（Participatory Sensing）、“以人为中心的感知”（People-Centric Sensing）、

“市民感知”（Citizen Sensing）和“社会感知”（Social Sensing）等一些相似概念，它们均是由于在传感器、ICT、互联网、普适计算等技术不断发展和融合的背景条件下，“人”在感知过程中的参与程度得到提高，关于城市、社会、环境的感知信息无论在数量上还是质量上均发生飞跃的情况下而被提出的。这些概念有的是从数据采集的视角，有的是从人在感知过程中作用和角色的视角，还有的是从由于人的参与而改变感知成效的视角。我们认为在这些相近概念中，“社会感知”一词更贴切地表达了这种具有时代特征的进步。这是由于：

1. 体现了感知角色的改变

过去，人们依靠各种电子传感设备获取关于感兴趣目标的监测信息。由于人的活动能力和信息技术发展，使得人不只是各种形式电子传感器及其感知数据的使用者或消费者，自身也成为传感器。借助于人的参与和活动能力，人不仅成为可感知的信息源，也成为感知数据的生产者。

2. 体现了感知对象的多元

城市是人类从事各种社会活动的空间载体。人参与感知的过程，拓展了传统意义上传感器网络的感知范围。通过人的言行，可以感知城市运行、管理、社会、经济、生活、工作等方方面面，如人的活动、土地使用、社会问题、情感、热点话题等，而不仅是关于自然或工业环境、城市物理环境的监测和控制。这极大地扩展了人们感知信息的来源，使得能有更多机会来了解和分析多元的社会。

3. 体现了感知内容的深刻

由于人们具有认知和分析能力，由人产生的感知数据不仅描述了他们对环境的感受，也表达了他们的思想，因此具有更深刻的意义，可以帮助规划师们提高对城市建成环境的认识及其如何影响社会和经济发展的理解，感知结果在城市规划和城市管理中具有更全面、更高的价值。与电子记录型大数据相比，文本类型大数据的这一特点尤为明显。

因此，人是社会的人，“社会感知”将技术和人的社会性、文化性等统合在一起。在一定意义上，正是由于“人”的参与和作用，传感器的含义、感知范围、感知能力、应用领域和应用层次均发生了本质变化，“社会”和“感知”这两个词才能如此紧密地联系在一起，成为人们观察城市、研究社会的新手段和新途径。就科技、人和城市的关系而言，若想改变城市规划和建设中的种种问题，需要将科技稳固地放在社会生态这个框架中，思考城市如何实现以“人”为中心的功能这些基本问题。这一原则对于从事新技术在城市规划中应用的规划师而言，也是工作的出发点和落脚点。

当前，无论是从一般意义上的技术革命视角，还是从信息技术革命视角的观察，抑或是从媒介技术自身发展的角度审视，网络，尤其是互联网、物联网等都已成为这个时代技术进步的标志性成果，将人类自身的感知能力、认知能力都提升至了新的高度。社会感知是“人的延伸”，感知到的内容不仅丰富，而且深刻，是城市中人和社会的映射和体现。城市规划应该利用好社会感知，从中挖掘出人的需求，更好地规划和建设出以人为本的城市。就媒介、人民和城市的关系而言，城市研究和城市规划工作者尤其要重视通过媒介（也就是利用基于语义计算的社会感知）了解市民需求，体察社情民情，发现城市问题，发挥出城市规划师的人文关怀和情怀，使规划研究与设计成果成为良好的社会公共政策，为城市发展和社会文明的进步服务。

3.4.2　感知即参与

大数据技术是对大量自然或社会行为、现象等进行动态、持续跟踪和记录，通过分析和挖掘获取不易观察和发现的有价值信息。生活在城市中的社会公众既是被城市发展影响的承受者，也是对城市发展施加影响的推动者，因此人是城市和社会最好的传感器。信息技术的发展促进了大数据、社交网络和自媒体的兴起，让每一个微小的个体变得不容忽视，博客、微博、微信等自媒体内容迅速传播已让我们看到了更多草根的力量（施卫良，2015）。大数据环境下，关于公众行为、观点言论、思想智慧的真相客观展现在我们面前，对于规划工作者感知社会公众行为和民意、洞察规划实施影响等拓展了渠道，进而帮助提高规划决策的民主性、针对性和科学性。在很大程度上，可以说“感知即参与”。

1. 感知公众行为

公众行为是公众对规划实施的响应，也是规划实施影响的直接体现；是社会公众与城市规划交互作用的结果，也可以视为是社会公众对规划工作的无声参与。大数据时代为体察城市公众行为提供了新的渠道和方法。以北京城市轨道交通刷卡数据为例，它是北京市居民在乘坐地铁上下车时于读卡机上进行刷卡的记录数据，包含了海量卡（对应于市民个体）信息、出行交易信息和出行轨迹信息等。该数据集不仅反映了大量个体的行为特征，也从整体上客观真实反映了城市人流的时空状态和变化情况。利用此类数据集可以帮助规划工作者分析规划实施对城市公众行为的影响，验证规划意图实现与否等，为提高规划评估准确性和科学性提供助益。对于城市规划公众参与而言，也可有效帮助解决目前规划公众参与中面临的参与主体代表性存疑、大规模调查成本高昂等实际困难。

1）感知公众行为习惯和模式

通过分析和计算轨道线路单个站点全天客流量随时间的变化，以及早、晚高峰时段不同站点间点对点通勤量和空间分布，可发现公众出行时间规律和习惯、公众出行空间分布规律和模式、空间聚集的时空特性等，如图3.4–1和图3.4–2所示，从而较为精准地观察当期规划实施影响下的公众行为时空特征，提高今后交通基础设施规划、城市城镇体系和新城地区规划的科学性（Yu W.C. et.al，2014）。

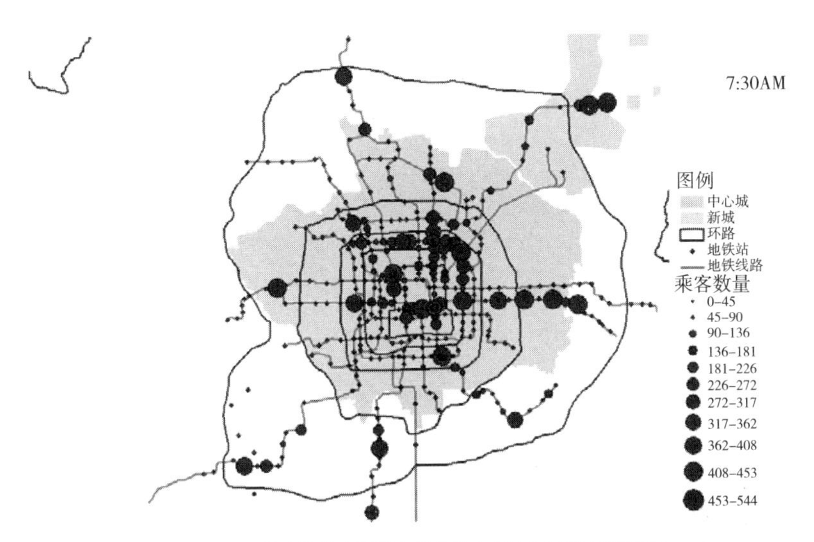

图3.4-1　北京轨道交通早高峰各站点刷卡记录数量示意图

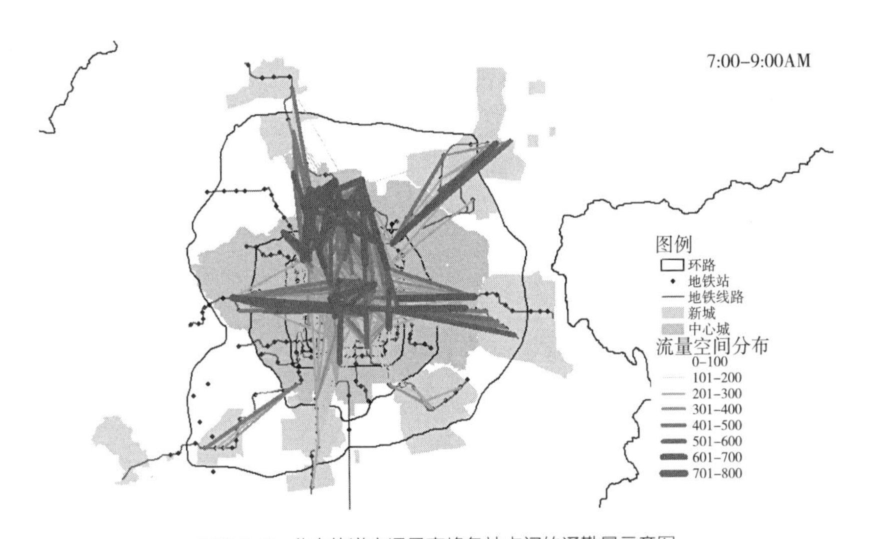

图3.4-2　北京轨道交通早高峰各站点间的通勤量示意图

2）感知影响公众行为的规划因素

规划师可以利用轨道交通刷卡数据，通过对轨道交通建设时序、公众通勤时空分布、轨道站点影响范围内不同时间节点土地使用功能现状与规划发展特征等的联合分析，发现和验证对公众行为产生影响的具体规划因素。例如，通过对北京市地铁M15号线早、晚高峰出行以及M15号线周边建设用地开发类型和时序的分析，可以发现自《北京城市总体规划（2004年至2020年）》实施以来，望京地区通过科技园区建设、商业升级、医疗和娱乐等配套不断完善等措施，地区成熟度越来越高，已明显摆脱单纯“卧城”的阴影，逐步对周边地区产生就业吸引，如图3.4–3所示。

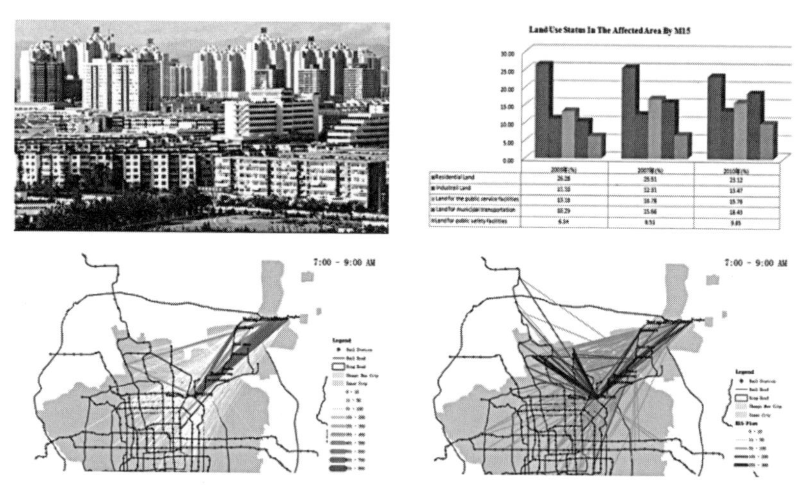

图3.4-3　地铁M15号线望京地区轨道交通时空分布以及土地使用功能规划和现状的联合分析

2. 感知公众民意

当前，社会化媒体和自媒体蓬勃发展改变了人们表达意见的方式和途径，社交网站、微博、微信、论坛、博客、贴吧等媒介均成为社会公众传播分享意见、见解、观点、经验的网络平台，呈现出涉及领域广、参与人数多、参与者平民化、内容公开化、传播速度快、沟通互动实时、信息海量动态等特点，成为当今大数据的重要内容。从规划社会公众参与的角度，社会化媒体和自媒体已经成为传递百姓声音的重要渠道，其内容为规划工作者了解百姓生活动态、体察社会公众民意、汇集社会智慧等提供了新平台（喻文承等，2015）。

1）感知公众关注热点

规划工作者可以根据规划研究内容，有针对性地选取社交媒体或自媒体内容，通过信息汇总、分类、统计和自然语言处理、语义计算，及时发现社会公众关注热点，研究归纳公众对当前规划主题内容的响应、见地、主张等，进而帮助改进规划方案、研究内容和规划思维。表3.4–1示例了对中华网社区、天涯社区、凯迪社区等大型普通社会公众思想交流活跃的论坛网站中关于北京雾霾讨论内容进行语义信息熵计算的结果，即分析公众讨论中热点词汇的信息熵①。图3.4–4是根据词汇及其信息熵分析形成的词云图，图中字号大小反映了不同的关注热度，字号越大表示关注度越高。可以看出，社会公众对于雾霾的交流讨论内容相当广泛，不仅含有雾霾或PM2.5本身，还涉及空气净化、汽车尾气、公共交通、烟花爆竹燃放、放空燃烧、垃圾焚烧等产生原因，甚至涉及对具体地点或地区的环境讨论。这些可以帮助规划工作者全面分析和思考雾霾治理措施的角度、空间地域等，并研定相关政策。

社会公众关于北京雾霾讨论的热点词汇及信息熵　　表3.4–1

编号	关键词	信息熵
1	空气质量	15.96
2	高安屯垃圾场	15.41
3	空气净化器	13.8
4	汽车尾气	12.75

① 信息熵由 Shannon 在 1948 年发表的论文“通信的数学理论（A Mathematical Theory of Communication）”中提出，反映信息出现的概率大小。

续表

编号	关键词	信息熵
5	脱硫	12.46
6	垃圾焚烧厂	12.33
7	烟气	11.99
8	烟花爆竹	10.04
9	减排	9.27
10	常营地区	9.2
11	细颗粒物	8.93
12	公共交通	8.52
13	PM2.5	8.45
14	生态环境	8.39
15	清洁空气	8.32
16	污染	8.21
17	放空燃烧	8.05
18	防尘口罩	8.05
19	环境	7.85
20	环评	7.49
21	爆表	7.49
22	轻度污染	7.17
23	治理	7.1
24	汽车排放	6.79
25	监测	6.72
26	焚烧厂	6.69
27	钢厂	6.65
28	空气清新	6.65
29	环保	6.61
30	天气	6.57

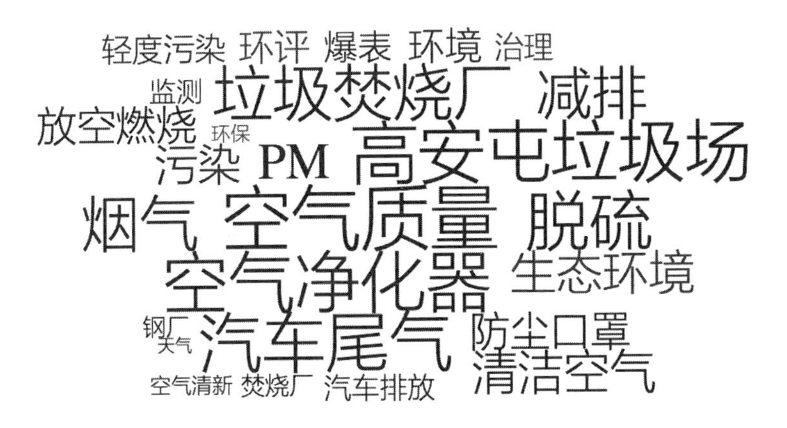

图3.4-4　社会公众关于北京雾霾讨论的热点词云

2）感知普通社会公众民意

规划师可以有区别地分别选取以普通社会公众为主要参与者和以政府官员、学者、研究人员为主要参与者的社交媒体，通过对其内容的汇集、语义计算和文本挖掘，将规划精英就某一规划主题的言论和与之对应的普通社会公众民意进行对比，分析异同，补充和完善规划专家研讨、论证的结论，帮助倾听普通社会公众声音，从而改善规划参与主体的代表性。

表3.4–2示例了对凤凰网、新华网、人民网等政府行政管理工作者和专家学者发表观点集中的网站以及中华网社区、天涯社区、凯迪社区等大型普通社会公众思想交流活跃的论坛网站关于“北京人口问题”讨论的内容进行分析和挖掘的结果。通过对比可以看出，普通社会公众在北京人口问题相关的讨论中，更加集中于影响一般居民生活、工作的内容，比如居住证、公共服务、退休问题、环境问题、住房问题、基础设施、摇号（保障房、汽车）等。而与之相比较的是，城市规划和城市管理工作者以及专家学者在人口问题的讨论中，关注点集中于人口、社会、城市管理的宏观政策和发展方向等领域，如京津冀一体化、人口调

控、流动人口管理、人口总量、城市病等。

普通社会公众与规划精英就"北京人口问题"讨论的关键词及信息熵对比　　表3.4-2

普通社会公众			规划精英		
编号	关键词	信息熵	编号	关键词	信息熵
1	人口压力	18.36	1	京津冀一体化	26.03
2	流动人口	16.42	2	单独二胎	23.27
3	外来人口	15.3	3	随迁子女	22.01
4	常住人口	14.86	4	蓝印户口	20.92
5	人口规模	12.64	5	居住证制度	20.71
6	居住证制度	12.41	6	流动人口	18.82
7	城市病	11.9	7	城市总体规划	17.93
8	限购	11.66	8	进城务工人员	17.76
9	城市总体规划	11.57	9	城市病	17.38
10	政治中心	10.95	10	外来人口	17.24
11	人口密度	10.73	11	人口调控	17.21
12	人口疏解	9.6	12	夏沁芳	16.99
13	批发市场	9.44	13	常住人口	16.68
14	渐进式延迟退休	9.34	14	公共服务	16.37
15	公共服务	9.06	15	特大城市	15.63
16	摊大饼	9.01	16	基础设施	15.56
17	人口普查	8.96	17	中心城区	15.52
18	空气污染	8.95	18	批发市场	15.47

续表

普通社会公众			规划精英		
编号	关键词	信息熵	编号	关键词	信息熵
19	雾霾	8.82	19	人口总量	15.44
20	行政级别主导	8.74	20	人口密度	15.36
21	市场规律	8.7	21	摇号	15.23
22	人均 GDP	8.39	22	限购	15.15
23	基础设施	8.32	23	都市圈	14.79
24	地下空间	8.32	24	异地高考	14.69
25	摇号	8.15	25	社会抚养	14.24
26	通州新城	7.91	26	群租房	14.1
27	生育意愿	7.82	27	万象城	13.92
28	中心城区	7.65	28	睡城	13.62
29	延迟退休	7.62	29	大红门	13.57
30	居住证	7.15	30	动物园批发市场	13.24
31	资源	7.03	31	五彩城	13.18
32	工作	6.83	32	交通拥堵	12.7
33	睡城	6.57	33	小商品批发市场	12.66
34	住房	6.48	34	摊大饼	12.63
35	北漂	6.39	35	蓝印	12.52

基于同样方法，表3.4–3示例了对两组不同类别论坛或网站关于“京津冀一体化”讨论的内容进行分析和挖掘的结果。通过对比可以看出，普通社会公众在京津冀一体化问题的讨论中，与微观个体直接利益相关的内容明显增多，信息熵排序也更加靠前，比如环境质量、就业、

房价、人口流动等。而城市规划和城市管理工作者以及专家学者关于人口、社会、城市管理宏观政策和发展方向的研究内容明显增多，信息熵排序也更为靠前，如产业发展、结构调整、生态文明建设、区域交通、城镇化等问题。

普通社会公众与规划精英就“京津冀一体化”讨论的关键词及信息熵对比　表3.4-3

普通社会公众			规划精英		
编号	关键词	信息熵	编号	关键词	信息熵
1	京津冀一体化	24.69	1	京津冀一体化	25
2	曹妃甸	20.6	2	曹妃甸	24.49
3	城市群	16.84	3	大气污染	16.67
4	空气质量	15.28	4	产业集群	15.58
5	首都经济圈	15.07	5	产能过剩	15.27
6	雾霾	14.38	6	生态文明建设	14.7
7	大气污染	13.42	7	环渤海	14.4
8	公共服务	12.72	8	首都功能疏解	14.26
9	环渤海	12.53	9	首都经济圈	13.52
10	基础设施	12.38	10	协同发展	13.08
11	达标天数比例	12.37	11	城市群	12.89
12	产能过剩	11.93	12	战略性新兴产业	12.84
13	产业转型升级	11.58	13	中央金融企业	12.82
14	自由流动	11.53	14	基础设施	12.49
15	房价先行	11.42	15	大红门	12.41
16	造城运动	11.42	16	产业结构调整	11.86

续表

普通社会公众			规划精英		
编号	关键词	信息熵	编号	关键词	信息熵
17	城市病	11.39	17	城镇化率	11.73
18	新型城镇化	11.23	18	资源配置	11.63
19	轨道交通	11.05	19	轨道交通	11.07
20	协同发展	10.95	20	城镇化	10.95
21	滨海新区	10.35	21	公共服务	10.73
22	央企总部	9.98	22	交通运输	10.49
23	带状城市	9.97	23	城际铁路	9.84
24	高新技术产业	9.55	24	批发市场	9.69
25	功能疏解	9.5	25	产业结构	8.84
26	葡萄产业	8.79	26	环境保护	8.79
27	结构调整	8.33	27	生物医药	8.69
28	房奴	8.14	28	央企	8.11
29	房价上涨	6.94	29	城市病	8.04
30	环境	6.66	30	转型升级	8.03

从上述感知公众行为和感知公众民意两个方面可以看出，社会感知既提供了了解城市运行和管理现状的信息渠道，也同时提供了一种新的整合各种信息的能力，进而帮助创新规划工作和创新城市发展。正如同对个体和社会发挥塑造和控制作用的不仅是媒介内容，也在于媒介自身一样，在感知社会公众民意这一方面，通过社会感知技术手段获得了洞察社会公众与城市规划实施和管理之间的互动因果关系。因此，也可以说感知即信息，感知即参与，社会感知将对城市规划工作开展和创新发挥重要的重塑功能。

3.4.3 PSS的必要组件

在以前，PSS的作用经常被不切实际的夸大，现在规划工作者需要冷静，使之与日常城市规划的实践活动相适应（Batty，2014）。同时，PSS的一个主要问题是可实施性问题，或者说在实践中的可行性问题（Pelzer et al.，2015）。随着ICT等技术进步，PSS可以针对目前存在的问题，在新的数据环境和技术条件下作适应性发展。一方面，PSS可以围绕着获取和挖掘关于城市各方面现状的事实知识，以社会感知为手段，发现普通市民的行为模式和规律，关注他们的所思所想，实现人本规划，缩短规划与社会的距离，将规划作为城市建设、运行管理与社会紧密联系的桥梁，促进规划公众参与，从这个角度推动PSS与规划业务的深度融合，促进规划业务开展和创新。另一方面，原先PSS研究人员与规划各参与方在基于技术和模型的交流上存在较大困难，利用社会感知成果可以帮助PSS研究人员和规划师们表达想法，更加贴近规划内容，给PSS证明能在规划中发挥作用提供了显性、通俗易懂、直接的形式，从而建立起与规划各参与方沟通的良好语境和氛围，帮助PSS更好地集成（整合）在规划过程和规划环境中。

社会感知给PSS所带来的影响是全面而深刻的，体现在数据、技术、功能和应用等不同方面。

1. 内容

传统上，PSS一般使用来自城市运行和政府管理的空间类型数据。近年来，关于公众参与地理信息系统（PPGIS）的研究和实践日益增多，尝试使用在线系统和基于Web的制图软件获取更多的数据，将更多的利益相关者和公众纳入决策过程，但是对于PSS中如何表达社会公众的观点、意见、态度和价值观念，并将这些内容与大量定量数据在GIS中融合和使用，面临着一系列的困难（Geertman，S.，Stillwell，

J.，2009）。此外，这些PPGIS在使用时，参与过程离不开人与系统之间的交互，大都在技术上依赖专家系统，面向非专业人士的方法不多（Maarit & Marketta，2009）。目前在大数据时代，社会感知给PSS带来了更为丰富的内容，尤其是借助于人的活动能力，人成为可感知的信息源，也成为感知数据的生产者。与PPGIS相比，社会感知无需市民与专业系统进行交互，可使规划师在海量市民“无意识”产生的“数字脚印”中主动获取更加丰富、更加客观的定性和定量数据，可以用较低的成本快速了解到人们对规划研究地区的整体认知以及存在的主要问题，而这些在过去通常是难以了解和掌握的。

2. 技术

在以往PSS的实践中，强调规划模型、空间统计、空间分析、空间数据可视化和网络GIS等技术。社会感知作为大数据时代数据获取和分析的综合方法，给PSS带来了更具普适用途、更具支撑研究城市复杂问题的数据可视化、监督和非监督学习分类、文本挖掘、语义计算、社会网络分析等技术方法，可以在深度挖掘数据、整合不同类型数据、深度分析城市问题、增强规划公众参与等方面给PSS提供以往技术上不具备的能力。

3. 功能

近年来的各种PSS应用，显示出其在空间分析建模、用地开发情景分析、政策影响分析、数据管理与可视化等方面可以给规划工作提供较好的支持（Geertman & Stillwell，2004）。社会感知可以在上述以技术理性为驱动的PSS系统功能上，增加系统的社会人文色彩，帮助在PSS开发者和使用者之间建立可讨论的非技术内容。例如通过社交媒体数据的语义计算和文本挖掘，可获悉社会公众对于城市的看法和感受，并以之作为与不同利益方沟通交流的技术资料，使得规划参与者充分感受到尊重感，帮助找到市民容易理解、易于接受的切合点，增强PSS在城市规划中的对话与协商能力。

4. 应用

PSS在城市规划中的应用主要集中于城市空间布局、土地利用、环境保护、流域管理、公共服务提供等方面的模拟、分析和决策上，总体而言尺度比较宏观。由于人的认知和分析能力不易受到空间尺度的影响，而且对于越是微观尺度的事物，其感受越是聚焦、深刻和真实。如果通过社会感知语义计算，可以得到第一手的资料来开展关于具体、微观地点、涉及不同主题的规划分析，并产生令人信服的结果。

总之，社会感知在内容、技术、功能和应用四个方面具备帮助PSS密切城市规划与社会的联系，增加PSS的透明度以及对城市动态分析的能力，并为各参与方提供技术支持，利于培育良好的公民意见，避免规划决策脱离公众利益和价值观。同时，在当前大数据时代，不同类型、不同来源的海量传感和控制数据都可作为城市分析和决策的背景知识状况下，社会感知可以帮助将分散的、由各个利益相关者创建的知识组织在一起，并集成进入PSS环境，帮助规划过程聚焦城市问题，从而推动智慧规划和智慧城市建设。

第4章 城市规划社会感知的内涵

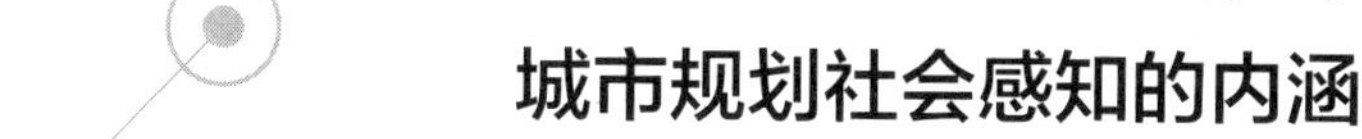

城市是空间大数据产生最频繁的区域。因此，基于空间大数据的社会感知研究和实践目前主要集中在城市区域，在交通管理、城市规划、环境、公共卫生等方面有较多的应用研究案例。

本章内容是从语义计算在城市规划行业应用的视角提出规划社会感知的整体理论和技术框架，主要探讨针对海量社交媒体文本数据的处理、分析和应用方法。文本数据表面上是由非空间大数据构成，但由于文本信息中也蕴含了丰富的地名、地点以及关于地点的属性信息等相关内容，因此可以与空间数据建立起对应关系，实现城市物质空间与社会空间的融合。

4.1 城市规划社会感知类型

4.1.1 规划行业感知

规划行业感知是指面向规划精英或者城市精英的感知，是对规划行业领域专家、规划设计人员、规划管理人员、城市研究者的意见、观点和主张进行获取、梳理、汇总和整合。当然，这是一种狭义的划分方法，如果说城市精英可被视为是城市规划的参与者，那么也可以将行业感知视为社会感知的一部分。之所以加以区别，是由于面向城市精英或规划精英的感知在目的、对象和内容上有其自有的特点。

规划行业感知是对行业发展等重大问题进行调研的基础性工作。在感知目的上，城市规划工作者应定期、有规律地扫描新闻、杂志、科技文献或者其他材料，以了解规划行业已存在的特征，例如规划理论、方法和实践总结等，了解从业者对规划思想或规划实践的总体认识，发现未来发展的潜在趋势，或者找到有趣的、不同寻常的现象（一般预示着行业内的突发事件或者思潮变化）等。

在感知对象和内容上，需要集聚来自数字图书馆（例如中国知网）、数字新闻、自媒体公众号的文章等公开内容，过滤次要信息，聚焦主要话题和问题，察觉通常和不寻常的术语和概念，然后使用这些数据的时间纵向切片以辨认显著的趋势。这将帮助技术发展的预测者、规划理论的研究者、城市问题的观察者等城市规划工作者总结过去时段的特征，或觉察已经初步显现的趋势，或者了解行业重大决策产生的影响，以更好地定位规划研究和实践。

4.1.2 规划社会感知

规划社会感知是面向普通社会公众的感知，是指通过人类生活空间直接或间接部署的大规模、多种类传感设备，借助各类空间或非空间大数据研究城市空间中市民时空的行为特征、思想上言论及主张等，进而揭示社会经济现象的时空分布、联系及过程，以及这些对城市市民带来的影响。规划社会感知更加强调群体的行为模式，关注城市的主流意见或思考，以及背后地理空间规律挖掘。

本书认为“社会感知”一词贴切地表达了当前城市规划转型、技术发展等具有时代特征的进步，这是由于“社会感知”一词充分表达了人的社会性和文化性等。人是社会的人，在一定意义上，正是由于“人”

的参与和作用，传感器的含义、感知范围、感知能力与应用领域和层次均发生了本质变化，才能使得“社会”和“感知”这两个词联系在一起，成为学者们观察城市、研究社会的新手段和新途径（详见3.4.1节），也丰富了PSS的内容，以及在城市规划应用中给推动规划转型与变革提供了新的驱动力。可以预见，未来的发展应是将新的数据环境、技术条件与城市规划业务和知识融合起来，研究开发新的工具来帮助政府和市民从海量的用户生成内容中获取有意义的信息，对信息内容进行建模，对长期的模式、社会公众意见及关注的问题等进行辨识，借力改进城市管理和公共治理。

4.2　城市规划社会感知技术

4.2.1　社会感知技术概述

本节总体介绍当前应用于社会感知领域与信息技术相关的内容概况。

1. 社会感知计算

社会感知计算（Socially Aware Computing）的核心在于“感知”二字，有两层含义，首先是感知现实世界，然后是觉察并做出响应。与基于单一Web数据或用户调查数据的社会计算或社会网络分析不同，社会感知计算强调利用先进的ICT技术感知现实世界个体行为和群体交互，理解人类社会活动模式，并为个体和群体交互提供智能辅助和支持。

社会感知计算借助普适环境中的新型智能设备和技术感知现实世界实时、连续、现场的数据，经过分析和处理，又通过普适环境中大量作动器和智能设备，直接作用于现实世界。社会感知计算为社会科学提供了新的研究方法、工具和科学数据，同时社会科学可以为社会感知计算提供拟解决的社会问题和成熟的社会学理论。社会科学本身通常利用问卷调查或观察等手工方法获取现实世界数据，通过间接反馈（如解释、预测等）作用于现实世界。因此，社会感知计算可以很好地将社会科学和现实世界联系起来。

2. 基于空间大数据的社会感知

Liu等（2015）通过社会感知概念构建空间大数据研究框架，指出社会感知就是借助于各类空间大数据研究人类时空间行为特征，进而揭示社会经济现象的时空分布、联系及过程的理论和方法。与强调基于多种传感设备采集微观个体行为数据的社会感知计算（Socially Aware Computing）相比，基于空间大数据的社会感知更加强调群体行为模式以及背后地理空间规律的挖掘。

3. 基于位置服务的社会感知计算

随着定位技术尤其是室外定位技术的发展，产生了大量的位置数据。这些数据在一定程度上能够反映出丰富的社会信息，从而使得位置服务向着社会化计算的方向发展。因此，基于位置服务的社会感知计算方法尤为重要。位置服务中的社会感知计算是指通过人类社会生活空间部署的大规模位置传感设备，感知识别社会个体的行为、分析挖掘群体社会交互特征和规律、引导个体社会行为、支持社群互动、沟通和协作的一种计算技术，是位置服务从单纯的定位服务转变成为具有社会化计算形态的关键。

4. 基于语义计算的社会感知方法

在语言学上，语义是指语言的特定符号所标定的内容，是信息包含的概念和意义，是对事物的描述和逻辑表示。语义在一定程度上反映了人们对某一事物或事件的看法和观念，对语义进行分析可以从中获取到有价值的信息，从而帮助人们更全面地看待问题并提高决策的质量。

语义计算是一门集语言学、数学、计算机科学等多学科相交叉的综合技术，是一个与计算机专业相关的概念，是通过对信息所包含语义的识别，建立一种计算模型，使计算机能够像人一样地理解自然语言并进行相关分析。语义计算是自然语言理解的根本问题，它在自然语言处理、信息检索、信息过滤、信息分类、语义挖掘等领域有着十分广泛的应用（秦春秀等，2014）。语义计算的根本目的是为了理解自然语言。人们的思维和想法一般会通过语言来表达，通过计算机程序对文本信息进行挖掘与学习，可以使得计算机理解人类语言，进而快速得到我们想要的语义分析结果。

自然语言处理技术（NLP）是利用计算机来处理、理解以及运用人类语言的一门技术。它属于人工智能的一个分支，是计算机科学与语言学的交叉学科。本书所研究的语义计算，便是自然语言处理技术的一个重要内容。由于本书更为强调对自然语言中人类所要表达的语义进行计算、理解和应用，而现在大多数自然语言处理使用的是基于统计学意义的技术方法，对于信息所包含概念和意义的分析理解还是较弱，因此本书更加倾向于使用语义计算这一术语，将语义计算视为较自然语言处理更高层次的技术。自然语言处理的一些技术可以在城市规划行业中得到运用，例如对某一规划决定进行舆情分析，从而发现这一事件的传播情况；或是对某一地点人们所发的微博博文进行关键词提取，发现民众所关注的热点。自然语言处理技术常常包括以下内容：

1）文本的基本处理技术：当我们想要去分析一段文本时，最关键的一步便是对文本进行分词及词性标注。分词是指将一段文本切分成一个个单独的词。中文分词技术一般可以分为：基于字符串匹配法、全切分法和由字构词法等，其中的一些方法需要建立统计语言模型来实现中文分词。

2）关键词提取算法：关键词为我们提供了一段文档最为核心的信息，在信息检索、文档分类等工作中发挥着重要作用，关键词提取的精确程度很大程度上决定了语义分析的准确性。进行完分词和词性标注以后，需要对每一个词赋予一个权重，越重要的词所给予的权重也就越大。取得权重值以后，通过对临界值的设定，便可以提取出文本中的关键词。

3）语义情感倾向性分析：情感倾向性分析是一种较为高级的语义分析，也是观点挖掘分析中一项十分重要的研究内容。通过情感倾向性分析，我们可以根据文本所表达出来的总体情感，将文档总体呈现的态度大致分为正向、负向和中立三种属性。对于情感倾向性语义分析，国内外的众多学者均做了大量的工作，尤其是在情感词典的建立上。情感词典将一些能明确表明情感方向的词语进行汇总得到词语集合，通过它可以找到目标文本中涉及的相关词语并进行情感标注。

4.2.2 规划社会感知语义计算技术

本书关注的是基于语义计算技术的规划社会感知实现。图4.2给出了将语义计算应用于城市规划社会感知的总体技术框架。该框架是一般概括性的描述，在实际结合城市规划工作的研究和应用实践中，可以进一步进行细化和扩充。

规划社会感知语义计算基本的处理流程包括了数据获取、数据处理和语义计算三个环节。数据获取主要包括传统数字媒体、社交媒体、自媒体等内容，也包含涉及的用户、位置、时间等相关属性内容，这些共同形成规划社会感知的语料资源，并建立数据库对其进行管理和维护。数据处理和语义计算则包括对语料中能够反映热点、专家思想、公众民意等内容进行判辨、挖掘和整合。在技术细节上包括数据处理阶段的去重排噪、中英文分词以及语义计算阶段的聚类分析、情感分析、话题分析、观点分析和趋势分析等。

此外，从城市规划社会感知的角度建立知识库也是核心技术内容之一，其在数据获取、数据处理和语义计算三个流程环节均可提供支撑。知识库主要内容包括了规划领域知识概念和实体（本体及实例）、规划情感词库以及规划知识规则等，以及在应用中语义计算的结果输出数据，即经过社会感知语义计算和信息抽取得到的关于城市规划实施现状的事实知识。以这些感知到的事实知识为基础，可在规划制定、审批、实施、评估不同阶段，实现各方意见、思想和智慧的汇聚，为决策提供服务，提高规划工作对社会发展和民情变化的敏感性、洞察力和针对性。

因此在总体上，规划社会感知语义计算技术框架可以概括为“2+3+N”的体系。其中“2”是指两个数据库，即数据库（语料资源库）和知识库；“3”是指数据获取、数据处理和语义计算三个主要的流程环节；“N”则是指三个处理流程环节中的多个功能模块（图4.2为简略表示，每个处理流程仅列举了三个功能）。在通常的应用场景中，2个数据库和3个处理流程环节是必要的技术内容，各个规划应用场景均需涉及，而且会针对不同应用场景对知识库做必要的修改和完善。而N个功能模块，则视不同应用的内容和复杂程度，部分或全部地涉及，并按照应用需要将模块按照特定处理流程进行组合。

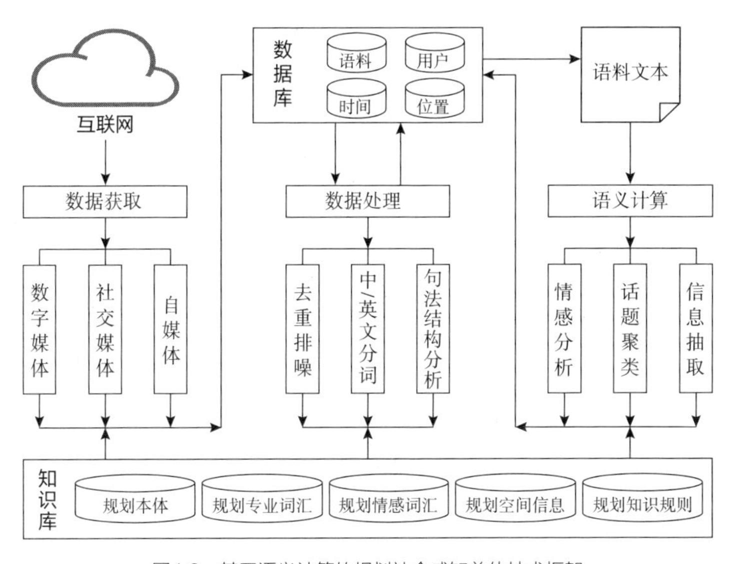

图4.2　基于语义计算的规划社会感知总体技术框架

4.3 城市规划社会感知应用

4.3.1 应用的业务体系

大数据时代以前所未有的方式拓宽了人们收集、分析和利用信息资源的广度，提高了人们深刻感知社会的能力。社会感知通过收集和分析海量折射现实生活和城市运营的数据来理解个体、组织和社会，近年来也逐步发展成为揭示个体和人群特征、社会运行发展模式的新科学领域。规划工作者应发挥主动性，做系统的思考和积极响应，以规划社会感知为目标，结合具体的规划工作业务，拓展基于语义计算的规划社会感知在城市规划工作中的应用范围。因此，本书提出建立基于语义计算的城市规划社会感知应用业务体系，如图4.3-1所示。

这个业务体系可以较好地将基于语义计算的规划社会感知相关思想

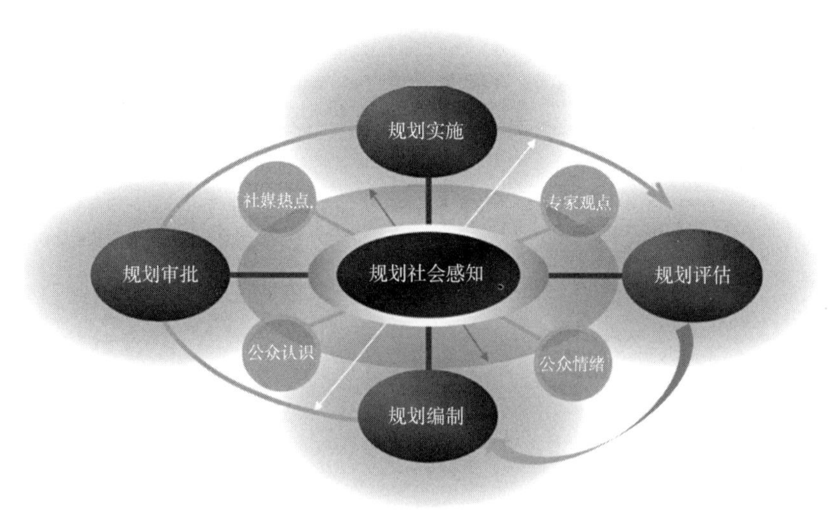

图4.3-1　基于语义计算的城市规划社会感知应用业务体系

和方法应用于规划实际工作中，提高规划工作对社会发展变化的敏感性和针对性，尤其是感知那些与城市规划相关的社会情况和变化。在该应用业务体系下，规划工作者可以在规划编制、审批、实施、评估等不同规划工作的环节和阶段，通过社会感知技术手段对各种开放网络、调查统计、政府部门提供等方式获取的大数据、开放数据、规划管理数据进行规划分析，主动感知社会环境，对其中能够反映社媒热点、专家观点、公众认识和公众情绪等内容进行分析、挖掘和整合，汇聚各方意见、思想和智慧，及时形成专题报告，第一时间反馈呈现给各个规划环节，为规划过程中不同阶段的决策提供服务。

具体地，社会感知语义计算可以在规划工作过程的不同阶段，将规划工作内容与社会语境更好的结合在一起，从而在很大程度上改善不同阶段的工作成效。例如：

■ 规划编制阶段：可通过分析提炼社交媒体中的社会公众民意、心态和城市管理者、专家学者的主要见解和观点，或者结合空间类型数据挖掘社会公众认识的空间特征，丰富现状调研内容，开拓编制思路，提高通过规划解决城市问题的能力，尤其是对于公众关切问题的解决能力；

■ 规划审批阶段：可搜集社会公众对规划设计方案公示、展览的意见，进而优选和优化规划方案；

■ 规划实施阶段：可通过公众行为、思想认识、情感的分析，了解规划实施和当前城市建设中的问题，引导规划实施审批重点，调整规划实施时序等；

■ 规划评估阶段：可针对不同规划专题内容，通过较长时期、不同空间位置公众观点、意见、情感上的变化分析，以及公众行为方式在时间和空间上的变化分析等，刻画出不同空间、不同类型的公众画像，进而评估规划实施成效，为今后规划修改或编制新规划奠定基础。

4.3.2 应用的技术体系

规划社会感知在城市规划中的应用，从根本上而言，是要为规划的分析和决策服务。在3.3节，我们已经从规划决策支持（即规划支持系统，Planning Support System，PSS）视角论述了城市规划社会感知的业务需求。因此，建立基于语义计算的城市规划社会感知应用技术体系首先要考虑的因素，就是怎样建立社会感知相关技术内容与规划支持系统相关技术内容的关系。

在前述3.4.3一节中，已经分析了社会感知给PSS带来的影响是全面而深远的，体现在数据、技术、功能、应用等不同方面。因此，建立基于语义计算的城市规划社会感知应用技术体系，实质上是在新的数据环境和技术条件下，将语义计算和社会感知的技术内容与规划决策支持技术内容整体融合的技术体系，如图4.3-2所示。在很大程度上，这种体系可以视为是现有规划决策支持技术体系（即规划支持系统技术体系）

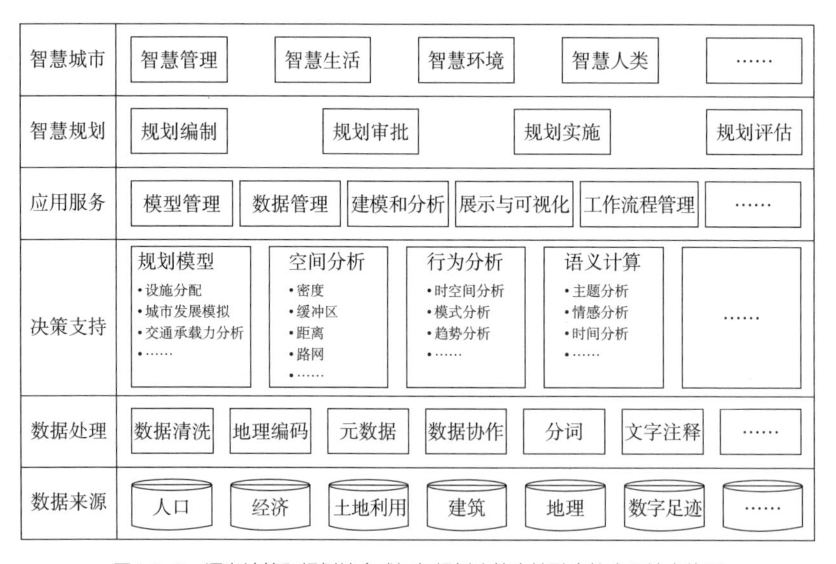

图4.3-2 语义计算和规划社会感知与规划决策支持融合的应用技术体系

的扩展。如在数据来源层面，增加了对人类数字足迹或用户生成内容的获取和建库管理；在数据处理层面，增加了对文本数据的分词、词性标注等内容；在决策支持层面，增加了主题分析、情感分析、事件演化分析等语义分析内容；而在应用服务层面，无论是工作流程管理、数据管理、建模分析，还是感知成果的展示和可视化，均会由于文本类型大数据的处理和应用而拓展原先传统PSS的技术内容。在该体系下，于4.3.1节应用业务体系中提到的各个规划工作环节中，可以通过对大数据、开放数据、调查统计数据和政府部门运营数据的分析，规划师们和决策者可以主动的感知社会环境，进行认知和判断。

4.3.3　应用的功能与保障体系

基于语义计算的规划社会感知应用的具体功能和保障体系建设如图4.3-3所示。

在应用功能上有以下四个层面：

数据获取：对各种类型空间大数据、社会媒体与自媒体内容、开放

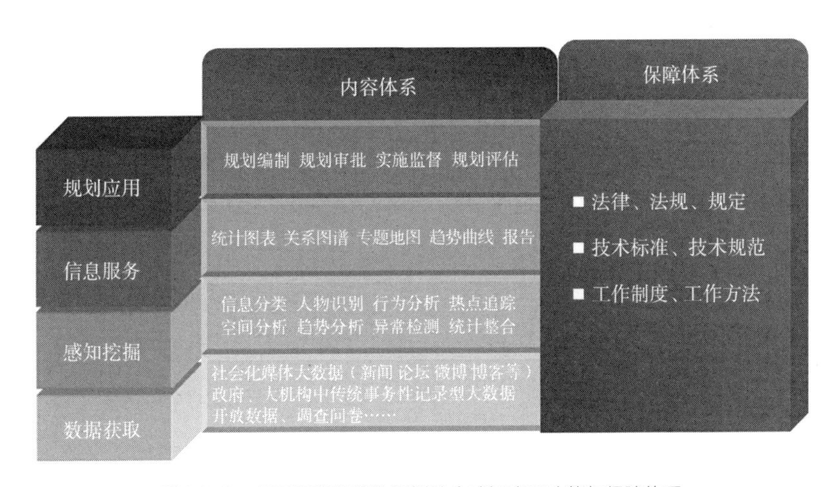

图4.3-3　基于语义计算的规划社会感知应用功能与保障体系

数据、政府和机构中传统业务管理数据以及各类普查、统计调查结果等数据等进行研究梳理，确立与规划工作相关的数据内容，建立长期稳定的获取方法，将其从各自的原生状态转变成为满足规划应用的分析型数据。

感知挖掘：建立各种大数据、开放数据和传统数据间的关联和融合，对其开展分类、识别、行为分析、热点追踪、空间分析、趋势分析、异常检测、统计、语义计算等处理和运算，对社会公众群体类型、行为活动、意见思想等进行挖掘，洞察规划实施过程对社会公众的影响。

信息服务：汇集社会感知结果，整理形成含有统计图表、关系图谱、空间地图、趋势曲线等内容的分析报告，形成完整的社会感知结果呈现，为在规划工作中的应用奠定基础。

规划应用：在规划编制、审批、实施和规划评估的不同规划工作阶段，应用社会感知信息服务，改进相应阶段的规划工作，提升规划分析决策针对性、合理性和科学性。在规划应用的过程中，也可根据感知挖掘的成果或结论对技术方法做验证和修正，并对今后社会感知工作提出新的内容和要求。

在应用保障体系方面，主要包括以下两个方面：

宏观层面，需要在国家或行业内部建立配套的法规和规定，对城市规划工作过程不同环节中的社会感知技术使用和感知内容提出要求，使得社会感知逐步发展成为行业内的普遍技术行为；并通过建立技术标准和规范，使得规划社会感知工作内容和技术方法逐步发展，做到完备和统一。

微观层面，各规划设计单位和规划管理机构内部也需依据国家和行业宏观层面的法律和规定，建立起单位或机构内部相应的、具体可操作的工作制度、实施办法和技术方法细则，保障社会感知工作的切实落实。

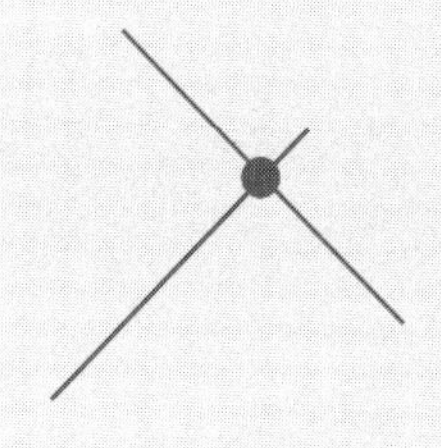

第二部分
关键技术

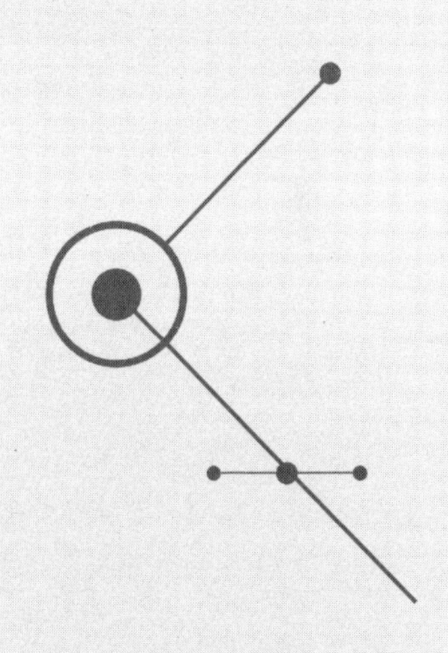

社会感知语义计算技术应用于具体领域时，需要针对该领域做细致全面的应用方法研究，在通用的语义计算方法基础上，建立适应于领域工作需要的应用技术方法体系。本部分将从三个方面进行详细说明。

首先，利用互联网媒介实现基于语义计算的规划社会感知，需要从城市规划角度建立规划语义社会感知的知识库，目的是梳理该领域自身的业务内容、业务逻辑以及在该内容和逻辑下的语义含义，为语义计算提供至为关键的背景知识，主要包括了规划领域知识概念实体（本体及实例）、情感词库以及规划知识规则等。

其次，以知识库为基础，通过数据获取、数据处理和语义分析与挖掘三个主要的技术环节，主动感知社会环境。数据获取包括新闻媒体、微博、微信公众号、网络论坛数据等内容。这些数据被集中式存储，形成语义计算的原始语料库。数据处理主要是完成数据清洗等工作，包括文本去重、过滤网址链接和转发提示符号等噪声，以及自然语言处理功能，如中文分词、词性标注以及句法成分分析标注等。通过数据处理可将原始文本数据转换为可供开展语义计算的基础语料。语义计算是对语料中与城市规划密切相关的社会热点、专家主张、公众意见等内容进行辨别和汇聚。在技术细节上包括聚类分析、情感分析、话题分析、观点分析和趋势分析等功能模块。最终，实现意见、思想的整合，为规划决策提供参考和服务，提高对城市问题的洞悉和响应能力。

最后，将规划社会感知语义计算知识库和语料信息获取、分析与挖掘的技术通过软件系统的方式加以集成，可以为面向城市规划工作开展社会感知语义计算提供更好的服务支撑。软件系统是数据、技术和业务流程的集合。面向怎样的业务需求和使用用户，将是软件系统技术架构、功能设计和界面设计的决定性因素。

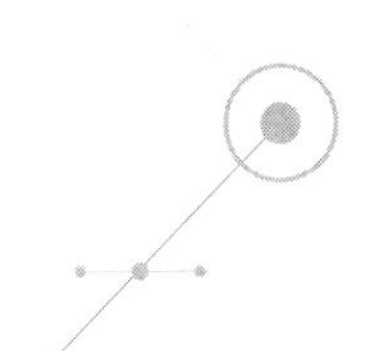

第5章 规划社会感知语义计算知识库

5.1 领域本体库

5.1.1 本体的定义和特征

本体是哲学中研究“关于存在的理论”，包括探讨“什么是存在”，“存在之间是否有一种形而上的普遍关系”等问题。在信息科学领域，借用了这一哲学术语对客观世界的概念、个体及它们之间的关系进行建模。被普遍接受的本体定义是由Gruber等（1993）提出的，他定义“本体是概念化的明确规范说明”。其中“概念化是基于特定目标对客观世界的抽象的和简化的观察”，大部分知识库及知识系统以明确的或隐含的方式实现概念化，本体则是以明确化的方式实现概念化。Studer（1998）通过对已有的本体定义进行总结，将本体定义为“本体是共享的，概念化的，明确的，形式化的规范说明”。相比Gruber的定义，增加了“共享”和“形式化”两个特征。在这个定义中，概括了本体如下四个方面的特征：1）概念化：通过定义特定领域的相关概念及它们之间的联系对客观世界进行抽象建模。2）明确化：概念及概念的约束以明确的方式定义。3）形式化：本体应该以机器可读的语言，而不是类似自然语言等机器难以自动处理的语言来进行表达。4）共享：本体中的知识应该是被广泛接受和认可的，并非针对某个独立的个体。定义中的

“规范说明”指的则是本体应采用一套规范化的词汇表以促进知识共享。

本体需要一种形式化的语言对客观世界进行概念化描述。描述逻辑作为一阶逻辑的可判定子集，为本体进行知识建模提供具有形式化语法语义定义的逻辑语言。描述逻辑的基本语法组成单元包括原子概念（Atomic Concepts）、原子角色（Atomic Roles）和个体（Individuals），这分别对应了一阶逻辑中的一元谓词、二元谓词和个体常项。复杂概念和复杂角色分别由原子概念和角色通过概念及角色构造符递推得到。定义相关概念时，所用的构造符不同，则构成了不同的描述逻辑语言族，对应了不同的表达能力和推理查询复杂度。描述逻辑基于集合论的方式定义语义。针对某一具体的描述逻辑语言，它的解释包括一个被称作论域的非空集合Δ^I，以及一个解释函数将概念C映射到论域中的子集$C^I \subseteq \Delta^I$，角色R映射到二元关系$R^I \subseteq \Delta^I \times \Delta^I$。描述逻辑通过TBox和ABox两个形式系统对领域知识进行建模。其中TBox定义领域的相关概念、属性和公理，ABox则利用TBox中的概念以及属性对具体个体进行声明。

描述逻辑不仅是一种知识表示语言，同时也支持精确化的推理。描述逻辑中关于概念和个体的基本推理问题如下：

（1）可满足性：概念C是可满足的，如果存在一个本体的模型I，使得在I的解释中概念C非空。

（2）包含：概念C包含于概念D，如果存在一个本体的模型I，使得在I的解释中概念C的实例集合包含于概念D的实例集合。

（3）等价性：概念C等价于概念D，如果C包含于D，且D包含于C。

（4）不相交：概念C和概念D是不相交的，如果存在一个本体的模型I，使得在I的解释中概念C的实例集合和概念D的实例集合的交为空。

（5）实例检测：对个体a和概念C，判定个体a是否属于概念C；或者对于个体a，b和角色R，判定a，b是否属于角色R。

（6）一致性检测：如果存在解释I，使得解释I同时是ABox和TBox的模型。

其中前4个推理任务可以统一归约到第二个推理任务。实例检测也可以归约为一致性检测问题。所以本体推理任务主要集中于概念之间的层次包含关系及一致性检测两个任务上面。

1. OWL语言

OWL[1]（Ontology Web Language）是W3C推荐的标准本体描述语言，它是基于描述逻辑的语义网本体语言。OWL本体语言包含三种子语言，按照表达能力从低到高的顺序依次为 OWL Lite，OWL DL，OWL Full。（1）OWL Lite具有和描述逻辑语言SHIF（D）同样的表达能力。它是从OWL DL语言中提取的一个子集，目的是为了降低推理复杂性。相比较OWL DL它不能描述枚举概念（OneOf），同时属性的基数约束不能超过1。（2）OWL DL具有更丰富的表达能力，其基于描述逻辑语言SHOIN（D），OWL DL包括了OWL语言的所有可判定的语言构造符，具有很强的表达能力。（3）OWL Full和OWL DL包含同样的语言构造符。但是OWL Full超越了描述逻辑框架，比如一个概念可以同时被当成一个体或属性。这使得OWL Full具有了更强的表达能力，但同时也失去了可判定性。

2. RDF及RDFS

RDF[2]（Resource Description Framework）全称资源描述框架，是语义网中用于描述信息和进行数据交换的基本模型。RDF框架下一切对象都被称作资源，资源所具有的属性或者资源与资源之间的关系通过RDF陈述（RDF Statement）来表达。一个RDF陈述对应一个三元组，包括主语、谓语和宾语。其中主语和宾语表示具体的资源或属性值，谓语表示资源间的关系或者具体的属性。将主语、宾语当作顶点，谓语当

---

① https://www.w3.org/OWL/

② https://www.w3.org/RDF/

作边对其进行链接，则RDF三元组集合构成RDF图。RDFS[①]（Resource Description Framework Schema）在RDF模型上定义了一个统一化的词汇集以支持信息的共享链接。RDFS提供的词汇集包括资源、类、属性、子类关系、子属性关系等。利用RDFS词汇集可以构建一个轻量级的本体。

3. SPARQL查询语言

SPARQL[②]（SPARQL Protocol and RDF Query Language）是W3C组织建立的针对RDF数据的查询语言。前面讲到RDF数据集实际构成了有向带标签的RDF图。SPARQL则是通过定义图模板，基于子图匹配的方法进行查询。基本的图模板是一个RDF三元组，通过模板的复合操作（如AND，OPT，OR等）可以构建复杂的图模板，实现更具体的查询。目前提供四种类型的查询模式：（1）SELECT类型查询以表格形式输出符合查询条件的数据。（2）CONSTRUCT类型查询抽取出符合条件的数据并将其转换为RDF数据进行存储。（3）ASK类型查询返回查询结果True/False二元值。（4）DESCRIBE类型查询返回与所匹配到的资源相关的RDF图。

万维网的发明者Tim Berners-Lee（1998）年提出了“语义网”的概念，并将其作为未来网络的发展方向。语义网的提出主要针对的问题是目前网页的内容大多是一种供人阅读的而机器难以处理的数据形式。语义网的目标是建立一种新的网络模型，使得网页内容不仅可以被人阅读理解，同时可由机器理解和处理，从而促进人机协同工作。Berners-Lee（2001）给出了语义网的最初的基础架构，2006年在此基础上给出了语义网新的层次模型，如图5.1–1所示。从图中可以看到，本体连接了数据交换层与逻辑证明层，实现了信息内容的结构化、形式化表达以

① https://www.w3.org/2001/sw/wiki/RDFS

② https://www.w3.org/2001/sw/wiki/SPARQL

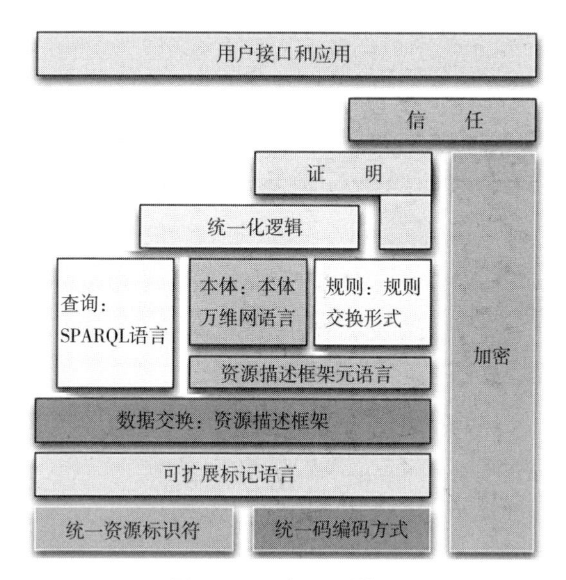

图5.1-1　语义网层次模型

支持进一步的推理和证明，在层次模型中处于一个核心的地位。本体在语义网中的一个主要应用是实现对网页内容的语义标注。因为基于描述逻辑的本体具有形式化的语法语义，使得机器可以理解处理这些内容。

5.1.2　规划社会感知本体

目前本体在城市规划领域的应用主要集中于实现异构数据和知识的集成与共享。文献（Métral C et al.，2007）中利用本体对GIS数据、局部规划、领域文档等异构数据进行语义融合以实现不同人员之间的有效沟通。文献（Métral C et al.，2012）研究利用本体实现不同城市规划模型间交互的方式。文献（Chaidron C et al.，2007）研究领域本体的自动构建，采用了自低向上的方式从城市数据库中抽取局部本体，为构造领域本体奠定基础。由Jacques Teller 负责的COST action C21项目（Teller

J，2007；Teller J et al.，2010）主要目的是促进本体技术在城市规划领域的应用以实现不同信息系统、利益群体和领域专家的信息交流。该项目由COST（European Cooperation in Science and Technology）支持，应用于TUD（Transport and Urban Development）领域，开始于2005年1月，结束于2009年4月。具体的目标总结为以下几点：（1）提供领域本体的通用术语集，比较现有的设计方法、技术和制作标准；（2）开发构建本体的可视化工具同时开发一个领域本体；（3）基于实际案例开发构建本体的指导原则，并分析本体在城市发展实际应用中的所能发挥的作用。对应这些目标，项目成立了三个工作组。第一个工作组研究构建领域本体的方法，第二个工作组负责本体在不同应用场景的交叉比较，第三个工作组研究本体在实际应用中可以能够发挥的作用。该工程构建了街道规划本体和旅游本体，并提供了一个构建本体的软件包。多源异构的规划数据集成问题一直是国内外空间信息技术研究的热点和难点。在国内，罗静、党安荣、毛其智等针对这一问题，在分析有关集成技术的基础上，从本体技术入手，分析了利用本体技术实现规划数据集成的优势及可行性，并确定了规划本体的特点，在此基础上提出了基于本体的数据集成体系结构及利用该体系实现规划数据集成的方法，为实现数字城市规划进行了有益的理论和实践探讨。

北京市城市规划设计研究院在2010年开展的项目“规划编制知识管理与协同工作理论与方法研究”深入研究了本体在实现规划编制单位数据、信息资源和知识的有效流动，增强规划编制过程中不同规划任务间、不同规划专业间和不同规划工作者间的衔接和协作的作用。项目开发了一个城市规划领域本体，利用本体对用户查询关键词进行扩展，实现了基于本体的文档检索系统；同时通过建立本体与数据库之间的映射，将不同数据库的表的属性字段映射到本体中的统一概念，实现了基于本体的数据库检索，促进了数据的有效流动、重利用和共享。

总之，目前国内外城市规划领域的本体建立和研究，主要目的一是为了建立异构数据源或信息系统之间的数据共享和集成，二是将本体作为领域的术语集合，成为信息沟通和交流的专业规范用语。总体上，在建立规划领域本体作为大规模文本语义分析的技术基础，以实现领域社会感知的应用目的方面，相关的研究基本上是空白。

本研究在北京市城市规划设计研究院建立的城市规划本体库（UPOntology）[①]的基础上，结合语义计算和社会感知的应用目的，建立了城市规划社会感知本体库。下面从概念、属性及个体三个角度对领域本体进行概要介绍。在对本体中实体的命名上OWL语言和描述逻辑语言有所不同，为了不引起歧义，后续阐述过程中对于概念（Concept）和类（Class），以及个体（Individual）和实例（Instance）将不加以区分。

1. 概念（Class）及概念的层次包含关系（subClassOf）

本体中定义了城市规划领域相关概念，同时定义了概念之间的包含关系。第一层概念共计10个，它们代表了本体对城市规划领域知识最概括性的说明。这10个概念分别为“城市用地”“应用支持”“基础信息”“规划许可”“规划评估”“管理概念”“规划地域”“资料类型”“规划类型”以及“领域概念”。图5.1–2以概念“规划类型”为例，展示了及其子概念构成的层次结构，从中可以看到城市规划社会感知本体对领域概念有比较深层次的细致刻画。

2. 属性（Property）及属性的层次关系（subPropertyOf）

本体中的属性用来描述概念与个体间的关系，它分为对象属性（Object Property）和数值属性（Datatype Property）。对象属性连接两个

① UPOntology（Urban Planning Ontology），城乡规划知识管理与协同工作方法研究、博士论文. 清华大学，2012.

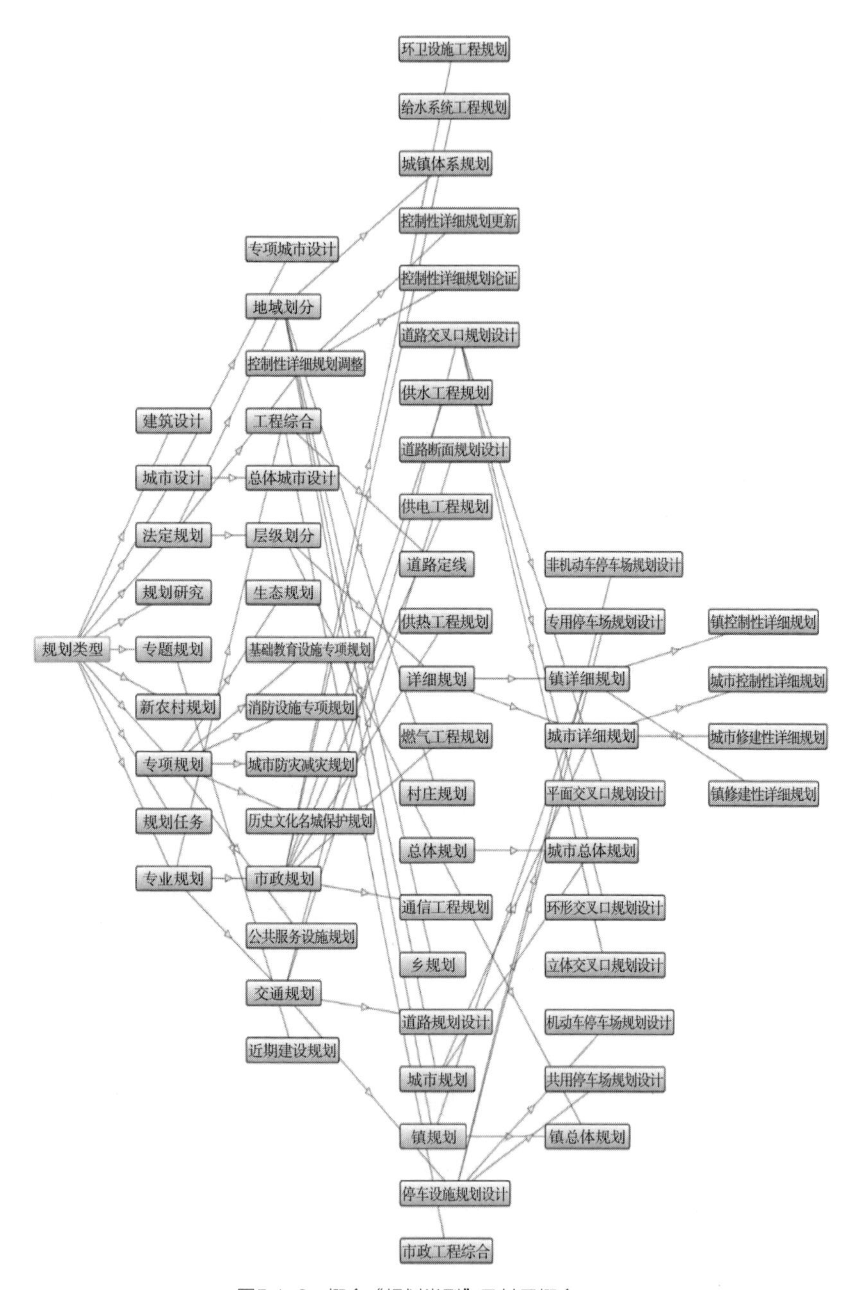

图5.1-2　概念“规划类型”及其子概念

个体，而数值属性则连接个体和具体数值。图5.1–3展示了对象属性及数值属性间的层次包含关系。

图5.1–3　对象属性和数值属性层次示例图

3. 个体（Individual）及个体声明

本体中的个体是概念的基本构成单元，概念是个体的集合。个体声明包括类型声明和关系声明。图5.1–4显示了概念“区县”和其个体。

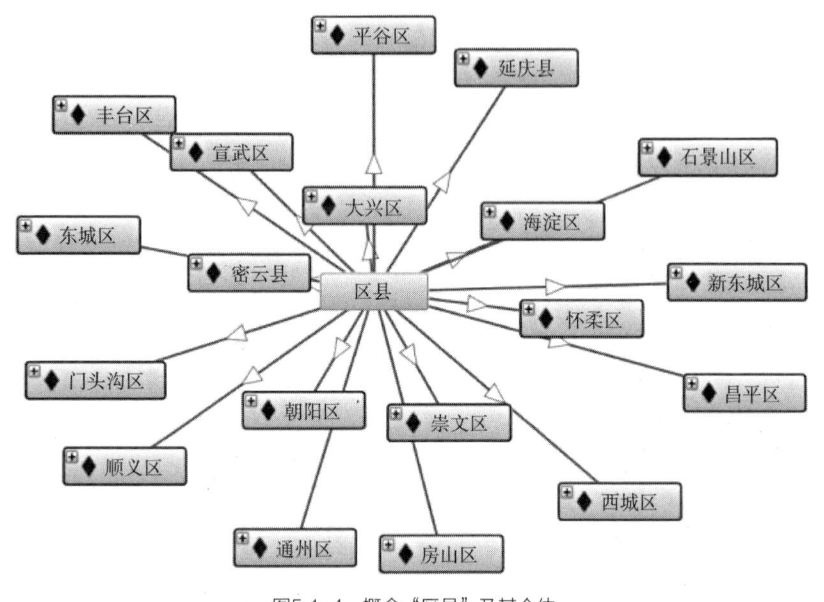

图5.1-4　概念“区县”及其个体

4. 其他公理与声明

本体中除了概念及属性包含公理外还定义了一些其他公理和声明，下面列举了其中部分内容：

（1）属性的值域和定义域。如属性“具有规划类型”的定义域是概念“项目”，值域是概念“规划类型”。

（2）属性的传递性。如属性“属于”用于表示地区之间的部分整体关系，定义其满足传递性。

（3）属性的函数性质。属性“具有规划类型”满足函数性质，表示任何一个项目只能具有一个规划类型。

（4）概念不相交公理。“总体规划评估”的两个子概念“中心城规划评估”和“市域城镇体系规划评估”被描述为不相交概念。

（5）个体不相同声明。“海淀区”和“朝阳区”属于不同个体。

5.2　语义词典库

5.2.1　同义词词典

本书同时利用城市规划领域本体以及由哈工大社会计算与信息检索研究中心开发的《同义词词林》[①]这些结构化知识资源计算词语之间的语义关联。《同义词词林》是按照树状层次结构组织词之间的相关性大小和词义远近的，如图5.2-1所示，从上到下把词分为大类、中类、小类、段落、行5个层级，层级越深，表示词义刻画越精细，词之间相关性越强。目前词表已经包含77343条词语，并在不断扩充。具体计算两个词之间的语义相关性时，搜索到两个词共同所属的最深层级，层次越深则相关性越强。

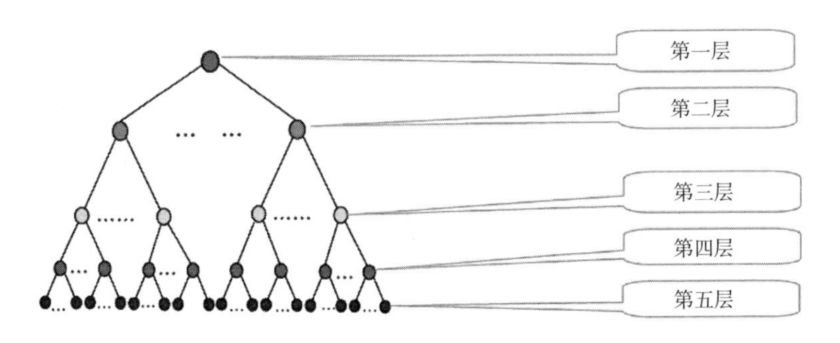

图5.2-1　哈工大同义词词林树状分类示意图

5.2.2　情感词典

《中文情感词汇本体》是由大连理工大学信息检索实验室开发的一个中文情感词汇资源[②]。它从多个角度对一个中文词汇或者短语进行描

① http://www.ltp-cloud.com/download#down_cilin

② 情感词典详细信息，请见论文《情感词汇本体的构造》。

述，包括词语的词性、情感分类、情感极性、情感强度，可以有效地辅助情感分析任务。资源将情感类别分为7大类，包括乐、好、怒、哀、惧、恶、惊，而每个大类又细分为对应小类，共计有21个小类。情感极性分为褒、贬以及中性，情感强度分为1、3、5、7、9五个等级，等级越高表示强度越大。目前资源已经收录情感词共计27466个，具体格式如表5.2-1所示。

大连理工大学情感词典示例　　表5.2-1

词语	词性种类	词义数	词义序号	情感分类	强度	极性
周到	adj	1	1	PH	5	1
手头紧	idiom	1	1	NE	7	0
言过其实	idiom	1	1	NN	5	2

本书结合城市规划行业应用，在通用词汇表《中文情感词汇本体》的基础上进行了适应性地扩展，一方面可以更为准确地对城市规划领域的实体对象进行准确刻画，便于获取市民的真情实感，另一方面也可以据此从海量语料资源中进行准确地有价值信息提取。具体例子见5.3.2节。

5.2.3 程度词典

在具体分析情感强度的过程中，除了考虑情感词本身所表达的语气强度，另外还需考虑情感词之前的修饰词来修正情感强度，即考虑程度词汇。本书利用知网HowNet[①]中的程度级别词语列表来分析情感强度，其中程度词共有217个，其程度级别及描述如表5.2-2所述。

① http://www.keenage.com/html/c_index.html

知网程度词级别分类　表5.2-2

程度词	程度值	相关描述
极其 | 最	2.5	很大程度上增强情感
很	2.0	
较	1.5	一定程度上增强情感
稍	1.2	
欠	0.5	一定程度上减弱情感
超	-1.0	情感反向

5.3 知识规则库

5.3.1 知识规则概述

由于本体OWL语言针对属性的表达能力有限，Ian Horrocks等人在2004年提出了SWRL[①]规则语言，SWRL是一种结合了OWL和RuleML语言的语义Web规则语言，通过用本体中的概念定义规则，来对本体中的个体实例进行推理，推断个体实例提供的新知识。SWRL规则由两部分组成，规则head和规则body，并且head和body之间用“→”分开，左边为规则的head右边为规则的body。规则的head和body又由一个或多个atom组成，每个atom之间用与符号“∧”分开。一个atom形如*C*（*x*），*P*（*y*，*z*）或swrlb:…()，*C*表示本体中的概念，*P*为本体中的属性，*x*、*y*、*z*可以是本体中的实例、变量，也可以是数据值，swrlb:..表示内置函数，只能用在规则的body中。相比于OWL DL语言，SWRL规则语言可以表达属性之间更加复杂的关系，但同时也带来了不可判定问题。在具体实现SWRL的推理过程中，通过限制SWRL规则的表达力从而对其

① https://www.w3.org/Submission/SWRL/

可判定子集来进行推理，或者将SWRL引入到一阶谓词逻辑的语义框架中，使用一阶谓词逻辑推理机实现推理。

RDF资源描述框架[1]是由W3C组织在1999年提出的元数据模型，用于对web上的信息资源进行表示。RDF的基本元素是由subject，predicate，object构成的三元组，其中subject，object作为顶点，predicate是连接subject和object的有向边。RDF图则是多个三元组构成的集合。RDF图中的元素包含三种类型，分别是IRIs，literals和空节点。IRIs和literals表示具体的实体，其中literals具有数据类型用于限定可能的取值范围，比如字符串，数字或者日期。空节点与上述两类节点没有交集，不表示具体实体，在包含空节点的陈述中往往用于表示某个实体具有某种属性。

在具体应用中，通过知识规则推理机制可实现对RDF底层数据的扩展和验证。Jena是用于开发语义网应用的开源框架。它提供了用于创建和存储RDF图的通用接口，拥有RDF图查询引擎，支持SPARQL查询语言。同时Jena提供有规则推理引擎，能够在RDF图上实现推理。Jena提供的规则形式如表5.3–1所示。

Jena规则语法结构　　表5.3–1

rule	:=	bare–rule or [bare–rule] or [ruleName : bare–rule]
bare–rule	:=	term，... term -> hterm，... hterm // forward rule or bhterm <– term，... term // backward rule
hterm	:=	term or [bare–rule]

term	:=	(node，node，node) // triple pattern
		or (node，node，functor) // extended triple pattern
		or builtin(node，... node) // invoke procedural primitive

① https://www.w3.org/TR/2014/REC-rdf11-concepts-20140225/

续表

bhterm	:=	(node，node，node) // triple pattern
functor	:=	functorName(node，... node) // structured literal
node	:= or or or or or or	uri-ref //e.g. http://foo.com/eg prefix:localname // e.g. rdf:type <uri-ref> // e.g. <myscheme:myuri> ?varname // variable ‘a literal’ // a plain string literal ‘lex’^^typeURI // a typed literal，xsd:* type names supported number // e.g. 42 or 25.5

5.3.2 规划社会感知语义知识规则

5.3.2.1 用于信息抽取的知识规则

评价组合是由评价对象以及其对应的评价词构成的二元组<评价对象，评价词>。一句话中的评价对象从词性角度考虑常常是名词或名词性短语，在句法层面上也往往充当句子的主语或谓语等核心成分。而评价词多数情况下是动词或形容词，如果一个词在情感词典中出现则更可能成为评价词。通过对具体文档进行分析，发现很多情况下仅仅抽取出评价词是不够的，需要抽取出评价短语才可以获取准确的观点意见，比如下面两条真实发布的微博数据：

（1）道路在昌平区回龙观东大街东沿路，两年了没修好。

（2）交通异常混乱，而且这个十字路口附近的道路环境特别脏。

微博（1）中的评价对象是一个具体的道路，提取评价词是“修好”，注意到“修好”前面有“没”修饰。所以如果单纯考虑评价词，将得到相反的评价意见。微博（2）中针对交通和道路环境状况给出评价，单纯提取评价词“混乱”和“脏”虽然可以得到正确的情感倾向，但忽略了“异常”以及“特别”等修饰词在情感强度上的增强效果。总结来说，将评价词扩充为评价短语，在观点倾向性和观点强度上将给出更为准确的描述。图5.3-1是针对具体微博语句进行词法和句法分析所得到的部分依存关系图，图中的边表示句法依存关系，顶点表示句子分词后的每一个词语，词下面标记为对应的词性。利用SBV（主谓依存关系）可以确定主语以及谓语分别是“红绿灯”和“大街”；然后根据修饰关系ATT（定中关系）以及ADV（状中关系），将评价对象和评价词扩充为“回龙观东大街红绿灯”和“不工作”。

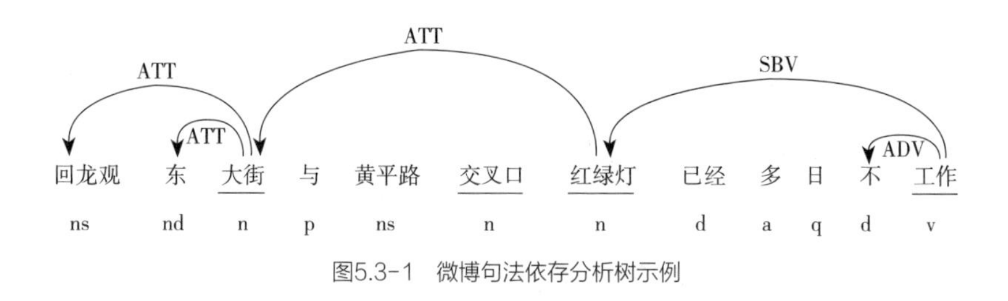

图5.3-1 微博句法依存分析树示例

综合以上分析，本书融合词语本身、词性以及句法依存分析结果总结了表5.3-2所述规则实现评价组合的抽取，其中规则分为两种类型，类型I表示评价组合抽取规则，类型II表示评价短语扩充规则。

基于依存句法的评价组合抽取规则　表5.3-2

规则类型	规则形式	规则含义
I	SBV(*x*，*y*) ∧ hasPolarity(*y*) → tuple(*x*，*y*)	*x*，*y* 满足主谓关系，同时 *y* 是情感词
I	SBV(*x*，*y*) ∧ COO(*y*，*z*) ∧ hasPolarity(*z*) → tuple(*x*，*z*)	*x*，*y* 满足主谓关系，*z* 是 *y* 的并列谓语，同时 *y* 是情感词
I	SBV(*x*，*y*) ∧ (¬hasPolarity(*y*)) ∧ (VOB(*y*，*z*) ∨ FOB(*y*，*z*)) ∧ hasPolarity(*z*) → tuple(*x*，*z*)	*x*，*y*，*z* 分别表示主语，谓语，宾语，谓语非情感词，宾语为情感词
I	VOB(*x*，*y*) ∧ hasPolarity(*y*) → tuple(*x*，*y*)	*x*，*y* 满足动宾关系，同时 *y* 是情感词

续表

规则类型	规则形式	规则含义
I	$FOB(x, y) \wedge hasPolarity(y) \rightarrow tuple(x, y)$	x，y 满足前置宾语关系，同时 y 是情感词
I	$ATT(x, y) \wedge (\exists z(SOB(y, z) \rightarrow VOB(y, z) \vee FOB(y, z)) \wedge (hasPolarity(x)) \rightarrow tuple(y, x)$	x，y 满足定中关系，同时 y 是主语或宾语，x 是情感词
II	$ATT(x, y) \wedge (\neg hasPolarity(x)) \wedge (Noun(y) \vee NounPhrase(y)) \rightarrow isPhrase(concatenate(x, y))$	x，y 满足定中关系，x 不是情感词，同时 y 是名词或名词性短语
II	$ADV(x, y) \wedge (hasPolarity(y) \vee Adj(y) \vee Adv(y)) \rightarrow isPhrase(concatenate(x, y))$	x，y 满足状中关系，同时 y 是形容词、副词或情感词

注: $concatenate(x, y)$ 为函数，且满足 $concatenate(x, y)=x \circ y$。其他字符串表示谓语，如 $tuple(x, y)$ 在 x，y 构成评价组合时为真，$isPhrase(x)$ 在 x 为具体短语时为真。

此外，针对将基于语义计算的社会感知应用于城市规划特定领域的特定目标，本书为了准确获得社会公众对于城市规划实施和管理的感受和意见，专门建立了利于进行信息提取的规划语义知识规则。这些规则基于领域本体的基础和扩展的一般情感词典，在应用中提供语义计算与城市规划领域的背景知识。表5.3–3以社区环境和生活便利性为例，展示了规划语义知识规则的构成。

规划语义知识规则示例　表5.3–3

规划主题	话题	属性（对象）	积极情感	消极情感
住区居民	常住人口	人口密度	低，适宜	高，密，拥挤
	外来人口	人数	少	多，流动性大
公共服务	体育设施	提供设施	先进，完好，充足	缺乏，破破烂烂，没有

续表

规划主题	话题	属性（对象）	积极情感	消极情感
	便利店，超市，购物中心	购物	愉快，便捷，便利	不新鲜，腐烂的，困难，单调
		价格	低，合理，合适	贵，昂贵，难以接受
		受欢迎程度	欢迎，丰富，生机	荒芜，冷清，冷淡
		服务	高质量，方便	差，很差，低质
生活环境	空间	公共空间	明亮，敞亮，宽敞，卫生，舒适	脏，肮脏，污秽，荒芜
公共交通	停车	停车位	充足，有序	缺乏，不够，混乱
	交通	交通事故	很少，偶尔，减少	多，高，悲剧，恐怖
	地铁	可达性	近，快，较好	远，很远，较少
公共设施	道路	道路状况	平整，清洁	损坏，坑坑洼洼，脏
	垃圾桶，垃圾站	垃圾处置	分类，利用，再生	倾倒，随意，污染
建筑环境	建筑（物）	建筑密度	低，适宜，（楼）间距大	高，压抑，（楼）间距小
		外观（貌）	美观，引人注目，精心设计，协调	丑陋，违和，讨厌，破旧，残破

表中前三列内容（规划主题，话题和属性）是来自于规划社会感知本体库中的规划概念实体，第四和第五列是针对这些概念的、常见的评价情感词汇，这是源自于扩展的情感词汇。表5.3–3体现出了本研究在将语义计算应用在城市规划行业中时所做的适应性和专门化。例如，“低”这个词在描述居住人口密度和社区建筑时表示好的（积极的）情感或情绪，而在普通情感词汇中通常含有消极的情绪。又如“很少”一词，在一般情感词汇中通常是一个含有消极情感的词汇，但在表达社区交通事故率时却表现出积极的认知。“遥远”这个词通常不会出现在一般的情感词汇中，也没有明确的正面或负面含义。在进行地铁系统可达性评价的语义计算时，根据城市规划的研究内容，有必要引入该词以扩

展普通情感词汇数据库，来表达人们对到达地铁距离远、出行不方便的负面情绪。因此，本书基于城市规划专业领域应用建立的语义知识规则，可使社会感知和语义计算对城市规划的应用更有意义，有利于从媒体中获得更客观、真实的信息。

5.3.2.2　用于查询推理的知识规则

基于信息抽取技术可以实现对微博半结构化数据的结构化表示，如图5.3-2所示为将抽取结果建模为RDF图形式的示例图，图中含有微博发布的道路交通信息。利用信息抽取得到的RDF图是微博所含信息的结构化表达，查询过程中也只能得到图中显式表达的结果，所以我们只能对其中的具体道路及站点的交通状况进行查询。但如果想要查询回龙观地区某个具体小区的出行便捷情况，因为RDF图中并没有对相关小区的描述，所以将无法给出答案。利用现实生活中的常识，如果某个小区周边的道路站点都具有比较畅通的交通状况，那么可以推知该小区的出行也应该比较便捷。为此，可以通过定义规则，基于规则推理实现对小区交通状况的查询。利用5.3.1节介绍介绍的Jena开源框架，可以实现规则的定义和基于规则推理扩充后的RDF图的查询。表5.3-4为利用Jena软件定义的推理规则，表5.3-5为对应查询小区附近交通情况的SPARQL语句。

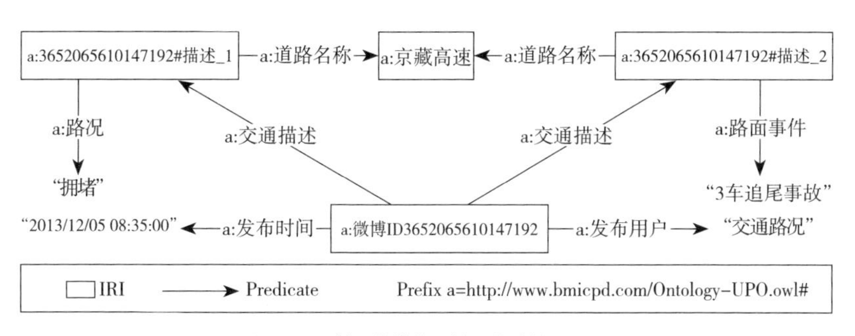

图5.3-2　基于微博抽取结果构建的RDF图

利用Jena定义的推理规则　　表5.3-4

```
@prefix u:<http://www.owl-ontologies.com/Ontology1324893558.owl#>
rule1: (?x u: 小区周边道路 ?y)，(?z u: 道路名称 ?y) -> (?z u: 小区名称 ?x)
rule2: (?x u: 小区周边站点 ?y)，(?z u: 站点名称 ?y) -> (?z u: 小区名称 ?x)
```

基于规则推理的查询小区交通状况的SPARQL语句　　表5.3-5

```
PREFIX u:<http://www.owl-ontologies.com/Ontology1324893558.owl#>
PREFIX rdf:<http://www.w3.org/1999/02/22-rdf-syntax-ns#>
SELECT ?area ?predicate ?condition
WHERE {?area rdf:type u: 回龙观小区 .
?t u: 小区名称 ?area.
?t ?predicate ?condition.}
```

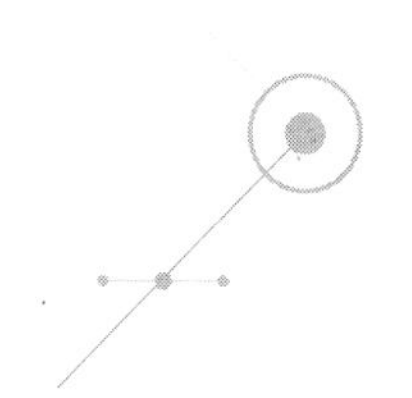

第6章 规划社会感知语料信息获取、分析与挖掘

6.1 语料信息获取

6.1.1 行业感知语料信息获取

对于行业感知而言，除了传统的数字科技文献、数字新闻等可以代表城市精英或规划精英的主张和研究心得外，近年来随着微信应用蓬勃发展，微信公众号文章由于发表迅速、共享传播容易、富媒体内容、互动便利等特点，成为规划精英们发表意见和研究成果的新兴渠道，大量的城市研究和城市规划类微信公众号文章被发表出来，也拥有广泛的读者。因此，微信公众号文章也是开展行业感知的重要数据来源。

1. 数字科技文献

数字科技文献来源主要是中国知网（CNKI）。知网，是国家知识基础设施（National Knowledge Infrastructure，NKI）的概念，由世界银行于1998年提出。CNKI工程是以实现全社会知识资源传播共享与增值利用为目标的信息化建设项目，由清华大学、清华同方发起，始建于1999年6月。CNKI工程集团经过多年努力，采用自主开发并具有国际领先水平的数字图书馆技术，建成了世界上全文信息量规模最大的"CNKI数字图书馆"，并正式启动建设《中国知识资源总库》及CNKI网格资源共享平台，通过产业化运作，成为全社会知识资源高效共享，提供最丰富的知识信息资源和最有效的知识传播与数字化的学习平台。中国知网建立的中国知识资源总库提供CNKI源数据库、外文类、工业类、农业类、医药卫生类、经济类和教育类多种数据库。其中综合性数据库为中国期刊全文数据库、中国博士学位论文数据库、中国优秀硕士学位论文全文数据库、中国重要报纸全文数据库和中国重要会议论文全文数据库。每个数据库都提供初级检索、高级检索和专业检索三种检索功能，其中高级检索功能最常用。

在本书中，主要的获取信息方法是根据研究内容确定搜索关键词或关键词组合，通过搜索形成科技文献获取目标集，进一步的获取目标集里的科技文献，包括篇名、作者、刊源（来源）、来源数据库、发表时间、被引频次、下载频次等属性信息。

2. 数字新闻

研究中主要是基于关键词搜索的数字新闻获取。对新闻网站上新闻标题、URL、发布时间、正文、网站名称、版块名称、信息来源、记者/作者姓名、摘要、是否头版、是否首页、是否重点推荐、网站调查情况、评论数量、评论内容、评论人、新闻浏览量、开设专题情况、采集时间、新闻发布时间、新闻来源、评论时间、新闻相关多媒体信息等相关信息进行采集。

3. 微信公众号文章

在微信公众号文章方面，主要是对与城市规划领域重点微信公众号（含服务号和订阅号）发布的文章进行采集。项目对目前城市规划领域公众号进行了分析梳理，形成了那些关注度高、发布文章质量较高、传播较广的公众号列表，以此列表为依据，每月对涉及的公众号所发表的文章进行获取。获取时自动提取标题、来源、URL、作者、正文、发布时间、阅读量、转发量、点赞量等内容并存入数据库相应字段中。

6.1.2　社会感知语料信息获取

对于更广泛的社会感知而言，那些具有传播迅速、参与主动、互动社交、草根特质等特点的社交媒体则更加适合作为此类型的社会感知数据源。具体的，数字新闻、网站、论坛、微博、贴吧等社交媒体信息是获取对象。

1. 微博

依据关键词列表或地名和感兴趣点列表采集新浪微博数据，形成微博信息数据库，按照人和事件、地点对所需信息进行过滤、分析、聚合和数据挖掘。微博（包括长微博）采集内容包括信息内容、URL、发布时间、发布人信息、微博名称、微博客网站名称、转发次数、评论数量、评论人、评论内容、发布人粉丝数、转发人信息、评论人信息、阅读数、粉丝及关注关系等内容。

2. 网站和论坛网页

论坛（BBS）网页不仅获取主帖信息（标题、回复数、发帖作者、发帖时间、发帖内容），还可以获取回帖信息（回帖内容、回帖时间、回帖作者、楼数），并依据一定时间采集网站不断更新的回帖信息。

BBS论坛采集与普通网页的采集有较大差别，这种差别主要体现在内容解析环节。对于BBS论坛来说，一个网页往往包含同一主题下的多个帖子。BBS论坛采集过程中，需要将每个帖子的内容进行分析解析。BBS论坛采集首先需要将论坛帖子进行内容分割，每个帖子形成独立的内容块，然后将内容块中的发帖人（author）、发帖内容（content）、发帖时间（time）以及标题（title）等元数据抽取出来入库。

3. 网民关注情况

采集分析论坛、微博等的文章评论、关注人数、跟帖人数，依一定时间间隔刷新下载新的评论数、关注数、跟帖数和新的评论内容。

6.2 语料预处理

语料预处理是其他话题分析、情感分析、信息抽取模块的基础，提供数据清洗功能包括文本去重，网址链接、转发提示符号过滤以及自然语言处理功能包括分词、词性标注以及句法分析。利用该模块提供的数据预处理功能，可将原始文本数据转换为其他模块可处理的格式。其中数据清洗以及文本分词是每个模块必需的处理操作，另外话题模块需要停用词处理，情感模块需要词性标注，信息抽取模块需要依存句法分析。

下面介绍常用的两套自然语言处理工具，分别是由哈工大社会计算与信息检索研究中心开发的LTP[①]（哈工大语言技术平台）和北京理工大学开发的NLPIR[②]（北京理工大学分词系统，前身是中科院ICTCLAS分词系统）。两种工具采用了不同的分词算法。LTP是基于以字构词的思想，使用的模型是CRF（条件随机场）。NLPIR利用的是层叠隐马尔科夫模型（HHMM）。

以字构词的主要思想是认为每个字在构成词语时占据着一个特定的位置（词位）。规定四个词位：词首（B），词中（M），词尾（E）和独立成词（S）。这样根据句子中的每个字的词位信息，就可以得到分词的结果。比如下例：

城/B市/M规/M划/E的/S意/B义/E。/S

① https://www.ltp-cloud.com/

② http://ictclas.nlpir.org/

根据每个字后面的词位信息，就可以解析得到分词结果：城市规划的意义。其中每个词之间以空格分隔。这样分词问题就转换为给句子中每个字标注词位信息的序列标注问题，可以利用条件随机场模型进行标注。算法分词的特点是根据词位信息进行字重组的过程，而词位信息是由训练好的统计模型给出的。所以在分词过程中，词典并没有直接参与到分割句子的过程中，用户自定义词典在其中发挥的作用是为训练模型而新增的语料库。

NLPIR分词算法的框架（刘群等，2004）如图6.2–1所示，算法的主要流程为：（1）利用N–最短路径方法得到N个粗切分结果；（2）在得到的粗切分结果上利用角色标注识别出未登录词；（3）从所有的候选结果中选出全局最优结果。其中第一步的粗切分结果直接影响最终分词的准确率和召回率。

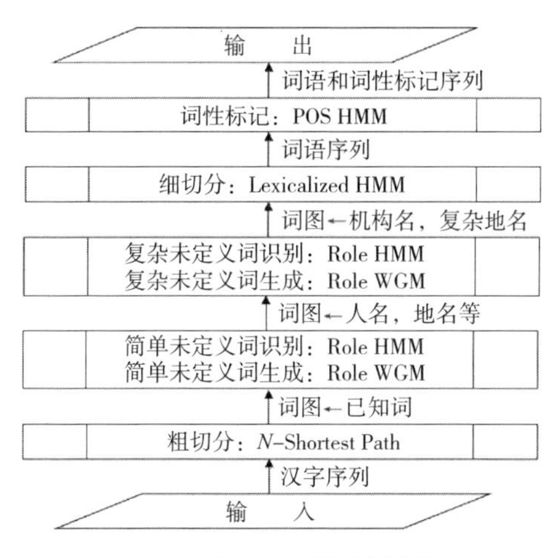

图6.2–1　基于HMM的汉语分词框架

N–最短路径方法的基本思想是找出所有分词结果中词数最少的*N*个结果，具体做法是：根据词典，找出字串中所有可能的词，构造词语切分有向无环图。每个词对应图中的一条有向边，并赋给相应的边长（权

值）。然后针对该切分图，在起点到终点的所有路径中，求出长度值按严格升序排列前N条路径集合作为相应的粗分结果集。图6.2–2是“他说的确实在理”这一字串的词图。遍历该图可以得到两条最短路径为“他/说/的/确实/在理”和“他/说/的确/实在/理”。这种方法尽量减少切分出来的词数，同时又尽可能保证在结果集合中包含正确的分词结果。论文在200万汉字的语料库中实验，当N=8时，召回率超过99%。对比以字构词的算法，NLPIR系统的算法将词典直接应用到分词过程中，同时倾向于产生词数较少的分词结果。比如词典中包含“城市”、“规划”、“城市规划”这三个词，当切分“城市规划的意义”这个句子时，“城市规划/的/意义”相比“城市/规划/的/意义”包含更少的词数。算法后续利用隐马尔科夫模型进一步消除歧义和识别未登录词。

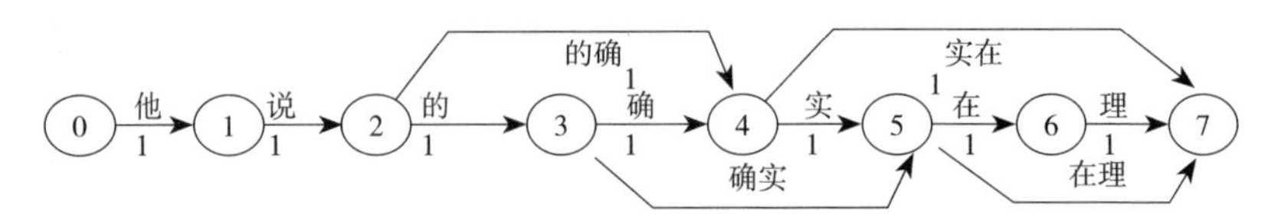

图6.2–2 “他说的的确实在理”词图

综合来看，前者均衡地看待词典词和未登陆词，后者强调词典词的作用。针对具体领域的应用来说，因为用户自定义词典包含了领域内比较重要的概念，所以需要重点关注，NLPIR的分词算法强调用户词典的作用，同时又考虑消除引入词典后带来的切分歧义。比如词典中定义了“城市规划”这个词，对于句子“城市规划的意义”，最终分词结果“城市规划/的/意义”；对于句子“大中城市规划过程中总结的经验教训”，最终分词结果“大中城市/规划/过程/中/总结/的/经验/教训”，并没有将“城市规划”分到一起，做到了切分歧义的正确消除。NLPIR能够比较好地解决对领域词汇的切分问题，这样可以不用再进行分词结果的后处理，节省了效率。但由于NLPIR不提供句法分析功能，在分词基础上需要系统LTP进行词性标注和句法分析。

6.3 话题分析

利用话题模型实现对社交媒体数据高效地挖掘，通过挖掘结果可以有效感知民众集中谈论的热点话题。同时可以进一步对话题的相关事件进行演化分析，从而对整个事件的来龙去脉有一个更为深入的认识。话题分析的方法主要基于LDA模型，同时引入领域本体等语义信息，结合关键词提取以及社区发现中的聚类方法实现社交媒体的话题挖掘。

6.3.1 话题模型介绍

话题模型是一种非监督模型，话题类别并不需要预先指定。当面对互联网上产生的大规模社交媒体文本集合时，对于其涵盖的话题人为很难有一个明晰的界定，这时话题模型可以有效帮助我们总结和挖掘遍布于文本集合中的话题。LDA（Latent Dirichlet Allocation）话题模型（BLEI D M et al.，2003）是话题模型族中一种得到广泛研究和应用的模型。LDA模型是一种模拟文本生成的概率图模型。每篇文章利用词袋模型表示，不考虑词之间的顺序关系。通过在文本语料集上的训练，它将产生每篇文章的主题分布，以及每个主题的词分布。根据文章的主题分布，可以进一步实现文档聚类和文本表示上的维度归约。下面对LDA模型的原理以及训练过程进行具体介绍。

LDA模型中假设每篇文章的话题分布服从多项式分布*Multinomial*（θ）同时话题分布参数满足狄利克雷分布*Dirichlet*（α）。同理，每个话题的词分布也服从多项式分布*Multinomial*（Φ），而分布参数ϕ满足狄利克雷分布*Dirichlet*（β）。选择狄利克雷分布作为先验分布的一个理由是它是多项式分布的共轭先验分布。多项式分布的概率密度函数为：$f(x_1,\cdots,x_k)=(x_1,\overset{n}{\ldots}x_k)\,\theta_1^{x_1}\cdots\theta_k^{x_k}$其中$\sum_{i=1}^{k}x_k=n,\sum_{i=1}^{k}\theta_i=1$。狄利克雷分布的概率密度函数为：

$$f(\theta_1,\cdots,\theta_k)=\frac{\Gamma(\sum_{i=1}^{k}a_i)}{\prod_{i=1}^{k}\Gamma(a_i)}\prod_{i=1}^{k}\theta_i^{a_i-1}$$

其中$\sum_{i=1}^{k}\theta_i=1$，Gamma函数定义为：$\Gamma(a)=\int_0^{\infty}x^{a-1}e^{-x}dx$

1. LDA概率图模型

LDA将文档生成过程建模为三层概率图模型，第一层是根据狄利克雷先验分布，分别产生每篇文章的话题分布和每个话题的词分布；第二层是根据话题分布产生每个位置的话题；第三层是根据每个位置上的话题以及该话题的词分布产生每个位置的词。LDA的图模型如图6.3–1所示。

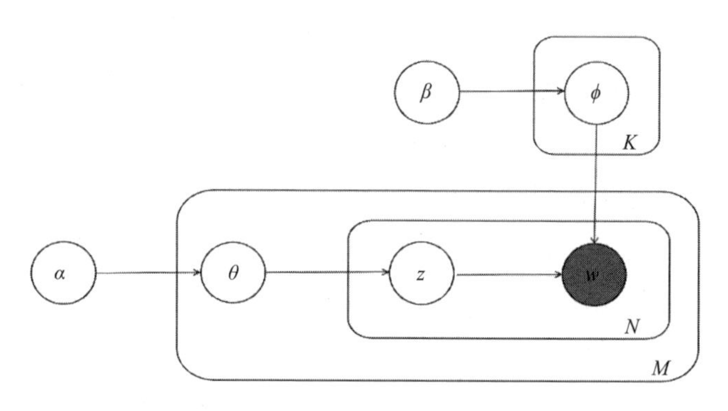

图6.3–1 LDA概率图模型

其中M表示文档数目，N表示具体一篇文档的词汇数，K表示话题个数；α，β分别表示文档中话题和话题中词语的狄利克雷先验分布的参数值；θ，ϕ分别表示文档中话题的多项式分布参数和话题词的多项式分布参数；Z，W分别表示文档中具体每个位置的话题以及相应词语。其中阴影圆圈表示变量为可观测变量，空白圆圈表示变量为隐变量。

将每篇文章d表示为词序列$d=(w_1,\cdots,w_N)$，文档集D表示为集合$D=\{d_1,\cdots,d_M\}$。由LDA模型生成语料集的过程可以描述如下：

1）对每个话题k，由先验分布产生话题词分布ϕ_k

2）对语料集D中的每篇文档d_i，产生话题分布θ_i；

3）对于文档d_i中的每个位置j：

（1）根据话题分布产生话题$z_{ij}\sim Multinomial(\theta_i)$；

（2）对于给定的话题，由其话题词多项式分布产生词汇$w_{ij}\sim Multinomial(\phi_k)$。

2. LDA模型训练

模型训练是文档生成过程的逆过程，即从文档集合中推断出最有可能的文档话题分布和话题词分布。但是利用极大后验概率方法对模型进行推理过程中，会遇到计算复杂度过高的问题。具体的，模型的后验概率如下式：

$$p(\theta,\phi \mid D)=\sum_{Z} p(\theta,\phi,Z \mid D)=\frac{\sum_{z} p(\theta,\phi,Z,D)}{p(D)}$$

其中Z表示文档集合中每个位置的话题隐变量构成的向量，其可能的取值数目是文档集规模的指数级别，使得求和运算为指数时间复杂度而几乎无法处理大规模文档集，所以实际模型训练过程中往往使用效率更高的逼近算法。Griffiths等（2004）提出的利用Gibbs采样方法训练模型是一种有效求解LDA模型的逼近方法。Gibbs采样的基本思想是利用容易计算的条件分布来抽样产生样本集合，然后利用产生的样本集合来逼近原始分布。应用在LDA模型上，则是利用采样产生文档集中每个词汇所对应的话题。然后根据得到的具体话题分布利用极大后验概率估计方法得到文档集中每篇文档的话题概率分布以及每个话题的词概率分布。具体训练过程如下：

1）给文档集合中每个词随机初始化话题，构成话题向量z；

2）逐一扫描文本集合中每篇文档的每个词。对于第m篇文档d_m的第i个词按照如下条件分布选择具有最高概率的话题作为该位置的话题，同时更新话题向量Z，具体计算公式如下：

$$p(z_i=k|Z_{\neg i},W)\propto\frac{n_{m,\neg i}^{k}+\alpha}{\sum_k(n_{m,\neg i}^{k}+\alpha)}\times\frac{n_{k,\neg i}^{w_i}+\beta}{\sum_j(n_{k,\neg i}^{w_j}+\beta)}$$

其中$n_{m,\neg i}^{k}$表示文档d中除去第i个位置，其他位置指派为话题k的个数；$n_{k,\neg i}^{w_i}$表示文档集合中除去位置i，词w_i被指派为话题k的次数；

3）不断重复步骤 2）直到收敛或达到预设循环次数；

4）利用最终得到的话题向量Z计算文档主题分布和主题词分布，具体公式如下：

$$\theta_{mk}=\frac{n_m^k+\alpha}{\sum_k(n_m^k+\alpha)}$$

$$\phi_{kw}=\frac{n_k^w+\beta}{\sum_w(n_k^w+\beta)}$$

其中n_m^k表示第m篇文档话题k出现的次数，n_k^w表示词w被指派为话题k的次数。

6.3.2 话题分析流程

本研究利用话题概率模型进行话题分析的流程主要分为下面4个步骤：

1. 数据预处理。这一步过滤掉一些无关词及符号，同时将原始文档通过分词处理转换为文档词袋表示。社交媒体数据中包含一些特殊符号如链接网址URL，提醒标示“@”，转发标示“//”等，这些利用正则表达式进行过滤消除。另外一些介词（如当、从、被）、连词（和、跟、却）等虚词并不能提供具体话题的语义，类似的这些词语被统一汇集成中文停用词表需要从文档词袋中去除。在将文档转换为词袋模型表示时，本文对于微博短文本和微信公众号长文本采用了不同的处理手段。对于微博短文本，利用了北京理工大学张华平博士开发的NLPIR汉语分词系统实现分词处理，同时导入城市规划领域词典辅助分词。对于微信公众号长文本，为了能更好地获取表达文本主题的相关词汇，利用

NLPIR关键词提取组件提取文本关键词作为文本词袋表示。

2. 模型训练。在具体的训练过程中，根据文本数据集合的具体特点，采用与其相适应的话题模型。DMM（Dirichlet Multinomial Mixture）话题模型通过在一元混合模型中引入Dirichlet先验的对文档进行建模（Nigam k., et al.，2000）。模型假设一篇文档包含一个话题，因为微博中的内容往往只针对一个话题展开，所以采用该模型进行建模训练。微信长文本即使围绕一个话题展开，这中间也常常穿插了与之相关联的其他话题，总体来看文档中的词属于多主题，所以采用LDA模型进行建模。模型训练结束后，两种方法都会输出每个话题的词分布列表以及每篇文章的话题分布。Nguyen（2015）开发的JAVA开源工具包支持上述两种模型的训练。

3. 文档聚类。话题概率模型训练后将给出每篇文档的话题概率分布，其中概率值越高表示该话题对文档越重要。本文中我们不考虑文档的重叠聚类，每篇文档仅属于一个聚类，所以将每篇文档的话题分布中概率值最高的话题序号作为文档的类别，从而实现聚类。

4. 话题的词语聚类。这一步利用本体和同义词典等语义知识对每个话题中的词语进行再聚合，目的是提升话题间词语之间的语义相关性，从而进一步提升话题分析质量。

6.3.3　话题词语聚类

通过LDA模型训练得到的每个话题，可以认为是一个词语聚类，这其中概率较高的词之间具有某种语义关联和相似性。具体数据集上运行LDA模型得到的分析结果，会发现一些话题内部存在语义分散、部分话题之间语义交叠等问题存在。针对这一问题，本文引入词典和本体等结构化知识资源对词之间语义相关性进行修正，通过对话题的词语进行再聚类从而改善话题分析质量，具体实现过程如下节。

6.3.3.1 构建话题词图

将话题词图记作$G=(V,E)$，其中V表示顶点集合，E表示边集合。将LDA模型训练后共得到的话题词按照概率值由高到低排序，选择每个话题中较高概率的词语构成顶点集合。边的权重由其顶点之间的语义相关性计算得到。本文中语义相关性满足对称性，不考虑词语之间的顺序，所以最终得到的话题词图属于无向加权图。

语义相关性用来表示语言单元（词语、句子、篇章）或者知识库中的类、个体之间的语义联系强度。所谓语义联系是指两个元素在语义内容上的相关性而非语法形式上的相似性。在具体评估元素之间的语义联系时，为我们提供语义信息的资源可以分为两大类：一类是非结构化或者半结构化的文本数据，这些数据中包含了对应的语言单元的叙述；另一类是结构化的知识资源，如分类列表、同义词典以及具有更加形式化语法语义的本体知识库，知识库里对类和个体以及它们之间丰富的语义关联都有明确的定义。利用文本资源计算语义相关性时，主要基于分布式假设，即两个语言单元在文本集合里具有越相似的上下文语境，则认为它们之间的语义联系越紧密。Church等（1990）考虑利用单词的共现信息评估词之间的语义关联，并利用信息论中的点互信息PMI定量计算词之间的关联性。在利用结构化知识库资源计算语义相关性中，基于图的方法得到了广泛关注和研究。这类方法的基本思路是将知识库转换为语义图，然后利用图的拓扑结构信息和顶点的内容信息计算语义相关性。Rada等（1989）提出将语义网络中的概念建模为图中的顶点，然后利用图论中顶点之间的最短路径作为概念间距离，同时证明了这种距离其实是一种度量；并在计算顶点间距离的基础上，给出了顶点集合之间的距离计算方法。Resnik（1995）从信息论的角度出发，认为两个概念顶点所共同包含的信息越多，则它们之间越相似，并将它们的最小父概念顶点所包含的信息作为共有的信息来度量语义相关性。本书计算语义相关性主要包含以下三个方面：

1）LDA模型中每个话题由词的多项式分布表示，话题的含义可以由其中概率值较高的词语集合推理得出。因为同属于一个话题，所以这些词语之间具有一定的语义相关性。同时词语概率值反映了词与话题之间的联系程度，当两个词与话题具有比较相近的联系程度时，这两个词之间也往往有更高的语义联系。基于这样的假设，本文利用话题中词语之间的概率差值度量语义相关性并采用如下计算公式：

$$relatedness_{lda}(w_1,w_2)=1-\frac{|p(w_1)-p(w_2)|}{max_{\forall w_1,w_1\in W}|p(w_1)-p(w_2)|}$$

其中w表示属于某个话题的词语集合。

2）利用LDA模型得到的语义相关性是基于非结构化文本数据资源，除此而外，本文同时利用城市规划领域本体以及由哈工大社会计算与信息检索研究中心开发的《同义词词林》这些结构化知识资源计算词语之间的语义关联。《同义词词林》是按照树状层次结构组织词之间的相关性大小和词义远近的，如图6.3–2所示，从上到下把词分为大类、中类、小类、段落、行5个层级，层级越深，表示词义刻画越精细，词之间相关性越强。目前词表已经包含77343条词语，并在不断扩充。具体计算两个词之间的语义相关性时，搜索到两个词共同所属的最深层级，层次越深则相关性越强，并用下式量化其语义相关性：

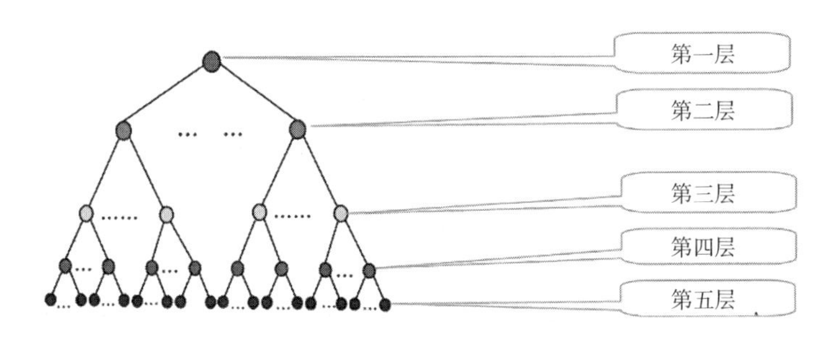

图6.3–2　哈工大同义词词林树状分类示意图

$$relatedness_{cilin}(w_1,w_2)=\frac{1}{25}common\_level^2$$

3）利用本体计算语义相关性时，本文利用Lin（1998）提出的基于信息论的方法，该方法可以看作是上述提到的Resnik方法的扩展。在具体计算过程中除了考虑两个概念顶点间共有信息外，还考虑每个顶点自身所具有的信息。下式是具体的计算公式：

$$relatedness_{ontology}(w_1,w_2)=\frac{2\times log_2 p(least\_common\_concept)}{log_2 p(w_1)+log_2 p(w_2)}$$

其中分子表示最小公共父概念所含信息，分子中乘以2是做归一化处理，分母表示两个概念所含信息之和。

综合上述方法构成如下话题词语义相关性计算公式，其中α，β为权重参数且满足$0\leqslant\alpha$，$\beta\leqslant 1$。

$$semantic_{relatedness}(w_1,w_2)=\alpha\times semantic_{lda}(w_1,w_2)+(1-\alpha)\times [\beta\times semantic_{cilin}(w_1,w_2)+(1-\beta)\times semantic_{ontology(w1,w2)}]$$

为了得到话题词的权重大小，根据Mihalcea等（2004）提出的TextRank模型计算顶点权重，该模型基于Google用于排序网页重要性的PageRank算法（PAGE L et al.，1999），主要思想是一个网页若是被越多数量的，同时越重要的其他网页链接，则该网页也越重要。TextRank处理自然语言问题时，则将语言单元（如词汇、短语或句子）类比为网页，进一步实现关键词提取和重点句提取。话题词图中顶点权重的计算公式如下：

$$TextRank(v)=(1-d)+d\times\sum_{\mu\in N(v)}\frac{w_{\mu v}\times TextRank(\mu)}{\sum_{t\in N(\mu)}w_{\mu t}}$$

6.3.3.2 社区发现算法的词图聚类

一个主题中的词相互之间都具有比较紧密的语义相关性，而不同主题的词汇在含义上则应该有比较大的差异。反映在话题词图上，则是一个主题内的词相互聚集，不同主题间相互疏远，最终形成一个个聚类。所以要从话题词图中挖掘主题结构，一个比较自然的做法则是对话题词图进行聚类，结果中的每个聚类则代表一个话题。下面阐述利用社区发现算法实现话题词聚类的思想和方法。

社区发现是当前复杂网络研究中一个广泛关注的问题。社区发现的任务是对整个网络拓扑结构进行划分，使得每个划分内部的顶点之间连接稠密，但与外部顶点连接稀疏，满足这种性质的划分被称作网络结构中的一个社区。现实世界中的很多网络都可以利用复杂网络进行建模，利用社区发现算法挖掘网络中的社区结构，是了解整个网络结构和性质的重要手段。考虑到构建的话题词图也是一种网络结构，利用Blondel等（2008）提出的社区发现算法来探测话题词图中的社区结构，并将其作为话题表示。文献（BLONDEL V D et al.，2008）将社区发现建模为优化问题，以模块化（modularity）指标作为目标函数，并通过极大化目标函数来挖掘社区结构。模块化是由Newman（2004）提出的衡量社区发现质量的性能指标，基本思想是度量社区内部连接的稠密程度和社区之间连接的稀疏程度。对于给定的网络划分，模块化的具体计算公式如下：

$$Q=\frac{1}{2m}\sum_{i,j}(w_{ij}-\frac{k_i k_j}{2m})\delta(c_i,c_j)$$

其中w_{ij}表示连接顶点i和顶点j的边权重，$m=\frac{1}{2}\sum_{i,j}w_{ij}$ 表示无向图边权重之和，$k_i=\sum_j w_{ij}$ 表示顶点i邻接边的权重之和，c_i表示顶点i所属的社区。如果$c_i=c_j$，$\delta(c_i,c_j)=1$；否则$\delta(c_i,c_j)=0$。文献（BLONDEL V D et al.，2008）采用一种循环迭代的方式逼近求解该优化函数的最优解，每个迭代过程分为两个步骤：

1. 首先初始化，将每个顶点作为一个社区。然后依次遍历每个顶点i的邻接点j，计算将顶点i归入顶点j所在社区后目标函数值的变化。

最终顶点i移入目标函数增加值最大且为正数的那个社区。

2. 将第一步得到的每个社区映射为顶点构建一个新的网络结构。顶点之间边的权重为原来社区中顶点之间的权重之和。

不断重复1、2两个步骤直到目标函数值不再增加或者达到限定的循环迭代次数。从上述计算过程中可以看到，这是一种自底向上的聚合方法，计算中的结果构成一种层次结构，可以通过设置不同的迭代次数构建不同粒度的划分。

6.4 事件演化分析

利用话题分析技术，可以得到文档集中每个话题的词分布。这一方面可以辅助挖掘大规模文本集合中的话题分布，另一方面也可以实现对热点事件的检测。当有热点事件发生时，社交媒体作为民众发表看法的重要平台，此时将有针对此事件的大量微博内容产生。利用话题模型在此文档集合上进行训练，将产生针对此事件的大量话题词列表，这是热点事件发生的有效标志。在利用话题模型进行事件检测的基础上，事件演化分析将进一步给出事件在时间序列上的定性发展趋势描述。

6.4.1 事件演化相关研究

传统的事件演化分析，属于系统科学的研究范畴。研究者们往往从一个抽象的层次定性描述事件演化的框架，如荣莉莉等（2012）通过对突发事件典型事例的研究，提出了点、链、网、超网4层演化模式框架，定性描述了单个事件以及多个事件发生时的连锁反应模式。马建华等（2009）则详细阐释了突发事件的不同演化模式，如事件的转化、蔓延、衍生和耦合等。另外也有研究者利用系统科学建模方法，针对某类具体事件构建相应的数学模型，并通过仿真实验验证模型的有效性。杨青等（2012）利用元胞自动机模型和多Agent理论建模传染病突发事件的演化模式，并针对2009年广东省爆发的甲型H1N1流感传染病事件进行了仿真实验。

计算机领域对事件演化的分析则主要是通过与事件相关的网上文本数据的处理挖掘来进行的。随着互联网技术的普及，用户在网上产生了大量数据。如何对这些数据进行有效的检索、组织和分析是一个重要的问题。TDT（话题检测与追踪）是1996年由美国国防部高级研究计划署主导的一个项目（ALLAN J，2002），它以新闻专线、广播、电视等媒体信息流作为处理对象，探索数据流中的出现的新话题，对于并非新话题的文本流归入已有的话题中。通过这种方式，TDT给出了网上信息的一种有效组织方式。TDT的任务分为报道切分、话题检测、话题追踪、首次话题检测以及关联检测5个子任务。其中报道切分是指将输入的连续数据流切分成独立的报道集合；话题检测是指从数据流中发现新话题；话题追踪则是将相关报道归入已有的话题类别中，首次话题检测则是在数据流中发现第一次谈论某话题的报道；关联检测是判断两篇报道是否同属一个话题类。上述任务的具体实现技术集中于对话题及文本的模型化表示、相似度计算方法以及聚类分类模型几个方面。基于TDT领域的研究，Makkonen（2003）提出了一种新的话题定义，能够对事件的演化过程进行分析。在文章中，他指出“话题是事件的序列，它不断演进并且可能发展为几个不同的话题”。文章中利用图6.4–1具体阐述了事件演化的过程。起始状态，只有文本*A*，它构成了一个事件，并用虚线表示。接着数据流中不断有新文本*B*、*C*、*D*输入，箭头表示文本间具有相关性。文本*K*+1，*N*+1与已有文本关联性都不高，从而可能产生话题的漂移。当又有三篇文档*N*+2，*N*+3，*N*+4与*N*+1具有很高的关联性，这时候*N*+1构成新话题的可能性更高，从而独立成为新话题。Yang等（2009）对于文本、事件以及话题的关系给出了更为简明的定义。他们认为“一篇文本描述了一个独特的故事，故事叙述了一个事件”，而“话题是相互之间紧密关联的事件的集合”。他们以事件作为顶点，事件之间关系作为边构建了事件演化图以对事件演化过程进行分析。

6.4.2 事件演化分析流程

事件的发生往往有具体的时间地点，参与的主体、起因、经过以及结果。对于城市规划领域发生的事件，采用如下方法对事件演化过程进行分析（图6.4-1），首先给出事件的定义。

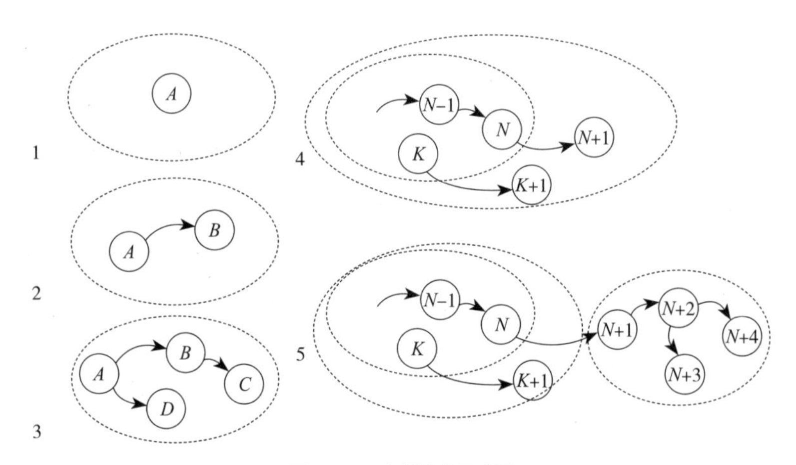

图6.4-1　事件演化示意图

定义6.1：一个事件由三元组形式表示，包括了时间、地点和事件内容，其中事件内容表示为（词，权重）二元组的集合，权重值越大的词汇越能代表事件内容的含义。

$$\text{event:} = (\text{time},\text{place},\text{content})$$

$$\text{content:} = \{(\text{word}_i,\text{weight}_i)|i=1,2,\cdots,n\}$$

将事件相关的文档集合表示为$D=\{d_1,\cdots,d_m\}$，集合中每篇文档d表示为词序列$d=\{w_1,\cdots,w_{n_d}\}$。将文档集中文档发布的最早和最晚时间分别作为事件的起始和终止时间，表示为t_s，t_e。事件演化分析流程如下：

1．将时间区间$T=[t_s,t_e]$划分为Q个不相交的连续子区间，将发布时间落在每个子区间的文档划分为一类，最终得到的聚类集合表示为$C=\{c_1,\cdots,c_Q\}$。

2．对于每个聚类c_Q，计算其中每个词的权重。这分为两步，首先是计算词在聚类中每篇文章的权重，然后是对这些权重取平均。对于第i篇文档d_i中的第j个词w_j，利用文献（Bun K.K., et al.，2002）中的公式计算词权重：

$$\mathrm{TFPDF}(w_j,d_i)=\frac{\mathrm{freq}(w_j,d_i)}{\max_{w\in d_i}\mathrm{freq}(w,d_i)}\times\exp\left(\frac{|\{d\in c_Q|w_j\in d\}|}{|c_Q|}\right)$$

其中$\mathrm{freq}(w_j,d_i)$表示词w_j在文档d_i中出现的频数。计算了每个词在每篇文章的权重之后，具体计算一个词在聚类中的权重时，则将该词在聚类中每篇文章中所出现的权重加和取平均，具体计算公式如下：

$$\mathrm{weight}(w,c)=\frac{1}{|\{d\in c|w\in d\}|}\sum\mathrm{TFPDF}(w,d)$$

3．根据2中对每个聚类的词权重计算结果，形成对应的事件表示。聚类c_Q是第Q个时间子区间内的文档集合，对应了事件第Q个发展阶段，我们将其表示为$e_Q=\{\mathrm{time}_Q,\mathrm{place}_Q,\mathrm{content}_Q\}$，其中$\mathrm{time}_Q$对应第$Q$个时间子区间，$\mathrm{place}_Q$为事件发生地点，可以从聚类$c_Q$中文档所带有的地点信息获得，$\mathrm{content}_Q$是聚类中的每个词及其权重所形成的二元组集合，同时我们将词w在事件e_Q中的权重表示为$\mathrm{weight}(w,e_Q)=\mathrm{weight}(w,c_Q)$。将每个子区间内的事件表示按照时间先后顺序构成序列$E=\{e_1,\cdots,e_Q\}$，则序列E展现了事件的完整演化轨迹。

4．事件在不同的发展阶段，往往会有不同的情景状况，表现在文字记录上则是具有不同的词汇描述。为了体现各阶段之间的特异性，本文借用了信息检索领域的IDF（逆文档频率）思想对每个阶段的事件表示中的词权重进行修正（Sparck Jones K，1972）。IDF方法用来计算一个词对文档的重要性，该方法的基本思想是当一个词在本文档中出现次数越多，而在其他文档中出现越少，则认为这个词对本文档越重要。应用在本文场景下，则是认为一个词在事件当前阶段的权重越高，在事件其他发展阶段出现得越少，则越是能够体现当前发展阶段的特性，从而需要赋予更高的权重，具体的计算公式如下：

$$\mathrm{WIDF}(w,e)=\mathrm{weight}(w,e)\times\frac{Q}{(|\{e\in E|w\in e\}|)}$$

6.4.3 事件演化分析案例

利用上述事件演化分析技术对2016年6月份发生在白云路小学的毒跑道事件相关微博共计6155条进行分析。其中6月份每天用户发布微博数的变化趋势如图6.4–2所示，从图中可以看到事件发展中有三个高峰期，我们将它们划分为事件的三个子阶段，中间为过渡阶段，然后聚类相应时间段的微博数据获取事件表示，最终分析结果如表6.4–1所示。

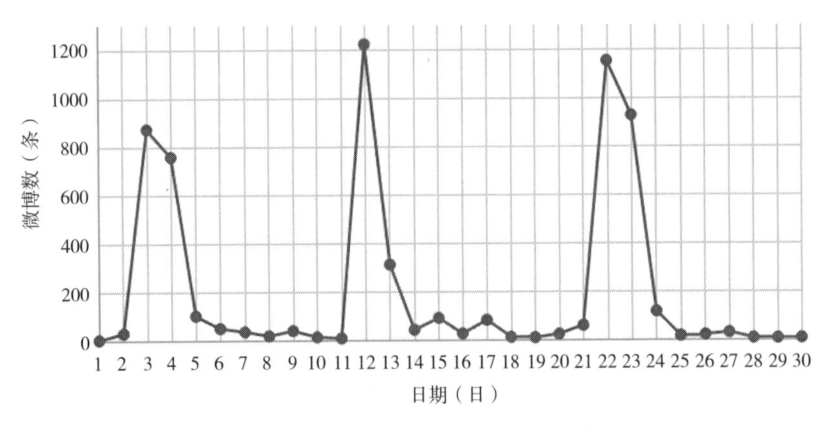

图6.4–2　2016年6月份白云路小学相关微博发布数统计图

白云路小学毒跑道事件相关微博事件演化分析结果　　表6.4-1

阶段	事件内容
1 ~ 5 日	北京　白云路小学　家长　更　事件　中毒　检测　流血　内幕　操场　微博　调查　转发　西城区　校方　校内　取样　质疑　查实
6 ~ 10 日	白云路小学　北京　操场　学生　流　鼻血　采样　事件　检验　拆迁　家长　机构　国家级　内幕　流血　中毒　中华网　查实　澎湃　不贷　链条　制造商　青少年　严惩
11 ~ 14 日	检测　北京　白云路小学　操场　西城区　教室　空气　合格　学生　两　跑　道　通报　符合　新浪　塑胶　新闻　下午　官方　教委　家长　鼻血　流　症状　学校
15 ~ 20 日	白云路小学　操场　拆除　北京　家长　毒跑道　实验　事件　新华社　赞　奕安　语言　套路　新闻　致敬　师兄　位　复课　合格　声讨　请　呼声　易水　五内俱焚
21 ~ 25 日	检测　教室　北京　白云路小学　甲醛　超标　最新　分校　指标　白云路　公布　跑道　空气　家长　出　室内　质量　方　第三　该校　间　16 参考　限值　高于　塑胶家长

6.5　情感分析

6.5.1　社交媒体的情感极性分类与观点挖掘

当针对具体某个话题进行讨论时，如果可以获取民众整体的情感态度倾向是属于积极、消极抑或中性，以及针对哪些对象分别给出了怎样的评价，那么将进一步提升规划师感知城市环境的粒度和能力。情感分析和观点挖掘是一种被广泛研究应用的文本分析技术，它包括篇章情感极性分类，具体评价对象的识别，主客观句子识别等基本任务。本章采用情感分析和观点挖掘技术对相关话题的社交媒体数据进行处理，将得到的文档情感值和情感单元进行统计总结，以实现上述目标。同时利用社交媒体数据的空间信息，实现具体场所的情感分析。

6.5.1.1 篇章情感分类相关研究

作者在一篇文章中表达的情感、观点、态度往往有一个总体的倾向，可以将其分为积极、消极和中性，统一称作情感极性。这样判断篇章的情感极性问题可以转换为分类问题来进行处理。目前判断篇章的情感极性主要分为有监督和无监督两种方法。

1. 有监督方法主要基于机器学习领域的有监督分类方法，如朴素贝叶斯、支持向量机（SVM）和极大熵分类器等。Pang等（2002）利用上述几种分类器对电影评论进行情感分类。在特征选择上，考虑了单词是否出现、出现频率、词性、单词上下文以及在篇章中的具体位置等特征。比较了三种分类器在不同特征组合上的分类效果，结果发现大多数情况下SVM比其他两种分类器有更好的性能。利用SVM对篇章进行分类时，采用一元文法对文档进行表示，同时仅考虑单词是否出现而不考虑词频特征有最高的分类准确率。

2. 相比有监督的分类方法，无监督方法的主要优点是不需要人工标记语料集，从而节约了人工标注时间成本。Turney（2002）提出了一种无监督的情感分类方法。该方法主要分为三个步骤：a）对文档进行词性标注，然后根据单词词性序列定义模板，抽取出其中对文章情感分类可能有影响的短语。比如形容词后面紧跟名词所构成的名词短语类似“壮丽的景色”“拥挤的交通”等比较有可能表达情感观点，则将其抽取出来构成短语集合；b）对抽取出的短语集中的每个短语计算语义倾向性。利用互信息（PMI）分别计算短语与单词“excellent”和“poor”的语义相关性，这表示了短语的积极倾向和消极倾向，然后综合两者得到短语整体的语义倾向性；c）计算短语集合语义倾向性的平均值，如果为正表示篇章极性为极性，否则为消极。Taboada等（2011）提出了一种基于情感词典的方法实现篇章情感分类。情感词典定义了情感词的极性和强度，在具体计算过程中同时考虑了否定词和程度词给情感强度和极性带来的变化。

6.5.1.2　情感分析资源

使用的情感分析词典包括5.2.2节和5.2.3节描述的情感词典和程度词典，此外还包括否定词列表。要准确判断情感极性，除了情感词本身的情感极性外，还需要考虑情感词之前是否有否定词，从而反转极性。首先手工收集一部分否定词，然后利用5.2.1节提到的哈工大同义词词林进行扩充，最终得到包含55个词的否定词列表。

6.5.1.3　情感分析流程

在计算情感极性及强度值时，需要同时考虑篇章中出现的情感词、程度词、否定词以及他们之间的顺序关系。比如“不 很 高兴”和“很 不 高兴”两句话虽然具有同样的词语构成，但是因为程度词和否定词语序颠倒，从而具有了不同的情感强度。考虑到这些情况，具体计算情感极性及强度时采用表6.5–1所述的规则。

情感极性及强度值计算规则　　表6.5–1

组合形式	计算公式
情感词 S	$Polarity_S \times Strength_S$
否定词 N+ 情感词 S	$-1 \times Polarity_S \times Strength_S$
程度词 M+ 情感词 S	$Degree_M \times Polarity_S \times Strength_S$
程度词 M+ 否定词 N+ 情感词 S	$-1 \times Degree_M \times Polarity_S \times Strength_S$
否定词 N+ 程度词 M+ 情感词 S	$-0.5 \times Degree_M \times Polarity_S \times Strength_S$

具体计算一篇文章的情感极性以及强度时采用如下步骤：

1. 首先对文档进行分词处理，然后将文档进行逐层切分，从篇章、段落、句子到不可切分的原子句子；

2. 对每个原子句子，从头到尾扫描，利用情感词典搜索定位其中的情感词；

3. 对于其中的每个情感词，向前扫描直到遇到其他情感词或者到句首位置为止，记录这个过程中出现的否定词和程度词，并利用表6.5-1中的规则计算情感值，其中Degree表示词语程度值，Polarity表示词语情感极性，Strength表示词语情感强度；

4. 将3中每个情感词计算的结果累加作为原子句子的极性值；

5. 将原子句子的极性值累加作为篇章的极性值。

6.5.2 基于句法规则的评价组合抽取

相比较篇章层面的分析，本节的观点挖掘技术是句子层面的处理，目标是从具体每个句子里抽取出评价对象和对应的情感评价词，实现更细粒度的分析。基于句法关系抽取评价组合的方法能够比较深层次的发掘评价对象和评价词之间的依赖关系，通过这种依赖关系的约束可以比较准确的实现两者之间的匹配链接。同时这种依赖关系也可以看作一种启发式规则，可以在定位到评价词或评价词语的前提下，辅助另外一方的提取。项目采用这种方法实现社交媒体的观点挖掘，下面对其进行详细阐述。

6.5.2.1 观点挖掘相关研究

Liu（2012）给出了观点挖掘任务的定义。他将观点挖掘中的“观点”定义为五元组（E，A，SO，H，T）。其中E表示实体，实体是现实世界中的任何对象，可以是具体的个体比如产品、建筑等，也可以指抽象的概念比如公司、组织、话题、事件等，它对应了观点中的评价对象。A表示实体E的某个特征，比如针对某部电影，它的特征包括剧情、画面、台词等。SO表示对于实体E或者其特征A的评价词。H表示观点持有者。*T*表示观点发布的时间。观点挖掘的任务则是从文本集合中抽取出上述五元组的集合。在具体抽取挖掘过程中，能够完整地抽取出观点的五元组往往比较困难，大量研究集中于挖掘实体或其特征和对应评价词。本文将实体和其特征统一称作评价对象，评价对象和对应的评价词构成评价组合。评价组合的抽取任务可以分解为评价对象的抽取，评价词的抽取以及评价对象和评价词的匹配。

1．评价对象的抽取分为有监督和无监督两类方法。其中无监督方法主要是利用词性信息、词频等一些语法和统计特征作为启发式规则对评价对象进行抽取，如Hu等（2004）认为频繁出现的名词或名词性短语更可能成为评价对象，由此利用词性标注技术和频繁模式挖掘方法对网上用户对于商品的评论信息进行抽取。有监督方法则主要利用机器学习中的序列标注算法如条件随机场（Jakob N., et al.，2010），隐马尔可夫模型（Jin W., et al.，2009）等。评价词的抽取则主要利用情感词典（Ding X., et al.，2008），词性信息以及与评价对象之间的距离等特征（Hu M., et al.，2004；Kim S.M., et al.，2004）。

2．在将评价词与评价对象进行匹配过程中，很多研究者通过设置距离窗口将邻近的评价词和评价对象进行组合。Hu等（2004）在提取出评价对象的基础上，将评价对象临近的形容词作为评价词，Kim等（2004）则将观点持有者与话题词之间的文本范围作为评价词出现窗口。赵妍妍等（2011）提出了基于窗口方法的局限性，因为很多时候评价对象所对应的评价词可能相距比较远。针对这一问题，研究者注意到需要利用更为深层次的分析技术来挖掘评价对象和评价词之间的依赖关系。句法分析给出了句子中各语言成分之间的语法依赖关系，很多研究者根据句法结构来构建规则或模板描述评价对象与评价词之间的关系，然后基于规则抽取出评价组合。如Bloom等（2007）利用句法分析结果人工总结了抽取模板，同时定义了模板的匹配优先级，按照优先级从高到低顺序抽取评价组合。姚天昉等（2007）也采用了类似的方法。Qiu

等（2011）则采用了半监督的学习方法，首先定义一些评价词种子词汇以及描述评价词与评价词、评价词与评价对象、评价对象与评价对象之间的句法关系模板，从句子中抽取出评价词和评价对象，然后利用抽取到的结果不断迭代，扩充原有的评价组合。

6.5.2.2 基于句法依存分析的评价组合提取

句法分析是自然语言处理领域研究的重要问题之一，它分为句法结构分析和句法依存分析。前者重点研究句子中的内部结构构成，同时消除句子结构上存在的歧义；后者则侧重分析句子中各词语之间的依赖关系。句法结构分析结果可以转换为句法依存分析结果，但反向转换往往存在一对多的问题。句法结构分析任务主要有两个：一是消除输入句子中词法和结构上的歧义，这种歧义在自然语言中普遍存在，也是句法分析所面临的主要困难；二是给出句子中各个成分之间的层次构成关系，这种层次关系一般用树状数据结构表示。在结构分析中，常用的形式语法为上下文无关文法（CFG）。下面给出CFG的定义，首先要给出形式语法的定义。

定义6.2（形式语法）：形式语法是一个四元组$G=(N,\Sigma,P,S)$，其中N是非终结符的有限集合；Σ是终结符的有限集合，而将$V=N\cup\Sigma$称为总词汇表；P是一组重写规则的有限集合：$P=\{\alpha\rightarrow\beta\}$，其中$\alpha$，$\beta$是由$V$中元素构成的字符串，且$\alpha$中应至少包含一个非终结符；$S$称为初始符。

定义6.3（上下文无关文法）：如果形式语法G的规则集合P中的每条规则满足如下形式：$A\rightarrow\alpha$，其中$\alpha\in(N\cup\Sigma)^*$。则称语法G为上下文无关文法。

句法生成规则由上下文无关文法定义，并将句子结构分析结果以树的形式展现。图6.5–1是句法结构分析树示例图。

相比较短语结构分析给出的层次结构关系，依存分析可以识别句子中的关键成分以及各成分之间的修饰与依赖关系。依存指的是词与词之

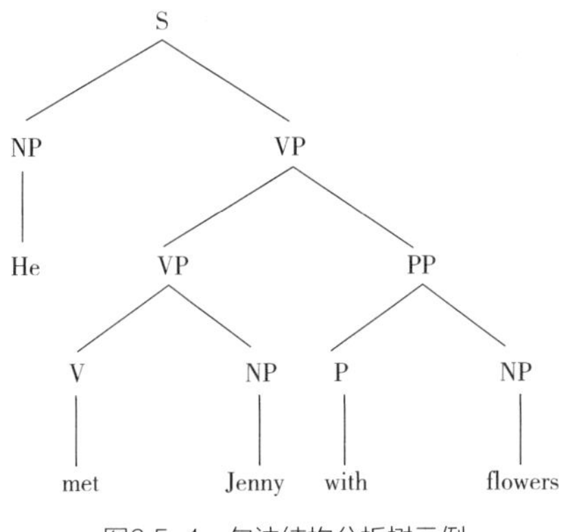

图6.5-1　句法结构分析树示例

间的支配与被支配关系，这种关系是一种有向关系。具体进行句法依存分析时，不仅需要给出词之间的依赖关系，同时也要对依赖关系加上类别标签。将句子中的词语当作节点，词语间依赖关系建模为一条有向边，则句法分析结果可用带标签的有向图来表示。利用句法依存分析为后续观点挖掘工作提供支撑并利用哈工大社会计算与信息检索研究中心研发的语言技术平台LTP（Language Technology Platform）实现句法依存分析，该系统共将依存关系分为15类，表6.5-2列出了依存关系的具体类型及其含义。

图6.5-2是利用依存分析示例，从分析结果中我们可以看到，句子的核心（HED）是谓词“提出”，主语（SBV）是“李克强”，宾语（VOB）是从句“支持上海…”，“调研…时”是“提出”的状语（ADV），主语的修饰语（ATT）是“国务院总理”。基于上面的句法分析结果，

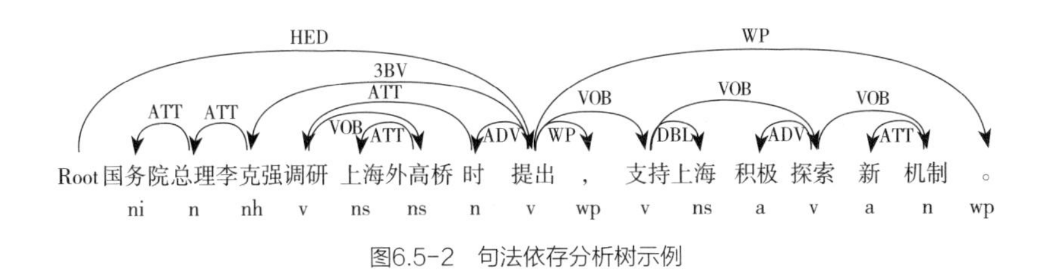

图6.5-2　句法依存分析树示例

可以得到相距较远的句子成分间的依赖关系，如“提出”的主语是“李克强”，而不是“上海”或“外高桥”，虽然它们都是名词，而且距离“提出”更近。

LTP依存句法标注关系　　表6.5-2

关系类型	Tag	Description	Example
主谓关系	SBV	subject-verb	我送她一束花（我 <-- 送）
动宾关系	VOB	直接宾语，verb-object	我送她一束花（送 --> 花）
间宾关系	IOB	间接宾语，indirect-object	我送她一束花（送 --> 她）
前置宾语	FOB	前置宾语，fronting-object	他什么书都读（书 <-- 读）
兼语	DBL	double	他请我吃饭（请 --> 我）
定中关系	ATT	attribute	红苹果（红 <-- 苹果）
状中结构	ADV	adverbial	非常美丽（非常 <-- 美丽）
动补结构	CMP	complement	做完了作业（做 --> 完）
并列关系	COO	coordinate	大山和大海（大山 --> 大海）
介宾关系	POB	preposition-object	在贸易区内（在 --> 内）
左附加关系	LAD	left adjunct	大山和大海（和 <-- 大海）
右附加关系	RAD	right adjunct	孩子们（孩子 --> 们）
独立结构	IS	independent structure	两个单句在结构上彼此独立
标点	WP	punctuation	。
核心关系	HED	head	指整个句子的核心

通过对中文句子进行依存句法分析，可以看到具有评价组合的句子中，评价词和评价对象之间的依存关系具有一定的规律性，所以可以考虑使用基于句法依存关系的规则模板来提取评价组合。详细的规则设计请参见5.3.2.1节。

6.6　信息抽取

大规模社交媒体文本数据蕴含了丰富的语义信息，如何抽取出其中感兴趣的问题，实现信息的有效组织管理和查询，并进一步利用这些信息实现推理，是本节要研究解决的问题。社交媒体用户每天产生的大量信息多数以非结构化的自然语言文本的形式存储，要实现对这些信息的组织管理和查询，一种有效的方式是利用信息抽取将非结构化文本内容转换为结构化的表达形式。本体作为领域知识库，其中所包含的类、个体、属性之间具有丰富的语义定义，是文本信息抽取和知识推理的重要资源。本节结合回龙观社区交通信息抽取的具体案例阐述基于本体的信息抽取、抽取结果的形式化建模存储以及基于本体的查询推理这一流程的实现方法。

6.6.1　基于本体的信息抽取

“信息抽取指的是自动从非结构化或半结构化的文本文档抽取出结构化信息的一类计算任务。而如今语音图像以及视频等多媒体信息传播媒介得到了广泛使用传播，对它们的标注抽取也被看作信息抽取”[①]。文本中对信息的记述和表达可能各有不同，但信息本身的组织形式符合一定的结构化形式，可以认为是一种模板或框架。比如一个路段的交通状况，一般会包括路段名称、时间、天气状况、车流量、路面是否有突发状况发生等几个方面的特征。信息抽取的过程则是将文本中对应这几个方面的特征的描述找到并将其作为相应的特征值。MUC（Message Understanding Conference）[②]会议是由美国高级研究计划署（DARPA）资助的面向信息抽取领域的国际性会议，该会议极大促进了信息抽取技术的发展。典型的信息抽取子任务包括命名实体识别，如人名、地名及

① https://en.wikipedia.org/wiki/Information_extraction
② https://en.wikipedia.org/wiki/Message_Understanding_Conference

组织机构名；指代消解，即发现实体间的共指关系；关系抽取，及实体间关系的分类识别。考虑到信息抽取的复杂性，具体的抽取任务往往是针对某个具体领域的。本体作为具体领域知识库，提供了领域概念、个体、属性的形式化、精确化表达，将有助于信息抽取效果的提升，基于本体的信息抽取方法OBIE（Ontology-based information extraction）也得到了广泛关注。Wimalasuriya等（2010）全面分析了已有的OBIE系统，并给出了系统化的分类，文章中从三个方面来考虑OBIE系统的特点：（1）系统的输入，OBIE系统同样是IE系统，所以处理数据仍然主要针对半结构化或非结构化自然语言文本；（2）处理过程，本体作为领域背景知识嵌入在信息抽取过程中，指导对类、属性及个体等信息的抽取；（3）系统的输出，将抽取得到的结构化信息进行形式化建模存储在知识库中，这也是扩充语义网技术中网页语义内容的一个研究方向。根据这三方面的分析，文章给出了OBIE系统的完整定义："OBIE系统是以非结构化或半结构化自然语言文本为处理对象，以本体作为指导抽取特定信息并以本体形式输出抽取结果的信息抽取系统"。同时给出了OBIE系统的通用框架，如图6.6-1所示。总结来看，OBIE系统利用本体辅助进行信息抽取，同时信息抽取结果可以反过来实现对本体的扩充。

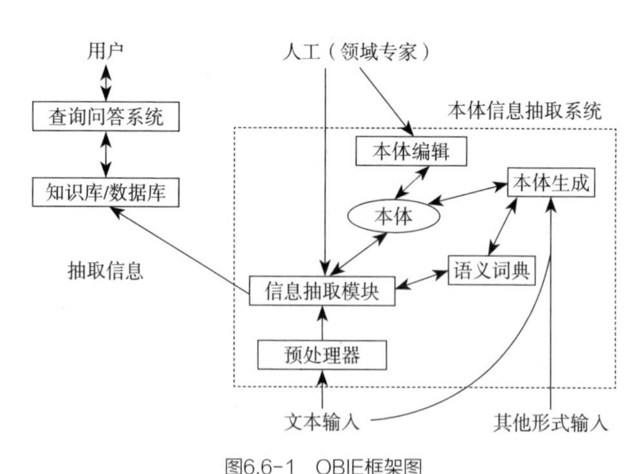

图6.6-1　OBIE框架图

利用城市规划领域本体资源和GATE文本抽取工具（CUNNINGHAM H et al.，2002）可以实现社交媒体的信息抽取，首先简要概述GATE工具的框架组成，然后结合具体案例详细阐释方法的具体实现流程。

GATE（General Architecture for Text Engineering）是由Sheffield大学开发的文本处理工具，发展至今在科研和项目中得到了广泛应用。GATE是用于开发和部署处理人类语言的软件组件的基础设施。它已经有将近15年的历史了，目前正被活跃地应用于所有涉及人类语言的计算任务。GATE擅长分析各种类型和大小的文本，无论是大型公司还是小型初创公司，也无论是价值几百万的研究项目还是大学生的项目，GATE的用户社区总是人类语言处理系统中最大和最多样化的。GATE是开源自由软件，用户可以通过GATE.ac社区从用户和开发人员那里获得免费的支持，也可以通过GATE的工业伙伴在商业基础上得到帮助。

经过多年发展，GATE家族的软件工具已包括一个针对开发者的桌面客户端工具、一个基于工作流的Web应用，一个Java库，一个体系和一个处理过程。因此，GATE可以从不同视角被观察和理解。比如：

● 是一个集成开发环境（Gate Developer）。将语言处理组件和广泛使用的信息提取系统以及一系列插件捆绑在一起。

● 是一个云计算解决方案。用于承载大规模文本处理，名为GATE Cloud（http://gatecloud.net/）。

● 是一个Web应用程序（GATE Teamware）。这是一个协作注释环境，用于工厂环境的语义注释项目，这些项目围绕一个流程引擎和一个经过高度优化的后端服务基础设施构建。

● 是一个多范式搜索数据库（GATE Mimir）。可用于对文本、注释、语义模式（本体）和语义元数据（实例数据）进行索引和搜索。它允许任意形式的混合了全文、结构、语言和语义查询的查询，并且可以应用到TB级的文本量。

● 是一个框架（GATE Embedded）。是一个优化了的对象库，被不同类型应用包含在其中。应用的Gate开发者可以访问该框架的所有服务。

- 是一个体系，可以视为是由语言处理软件所组成的高级组织视图。
- 是一个处理过程，用于创建健壮和可维护的服务。

GATE实现的核心功能包括以下几点：

1. 特定数据结构的建模和存储；
2. 数据集的实验、评测以及基准实验的确立；
3. 数据、标注、分析结果的编辑和可视化；
4. 设计有限状态转换语言（JAPE）实现有效的浅层分析；
5. 机器学习算法中训练样本的抽取；
6. 机器学习算法的可嵌入。

在核心功能之上，GATE包含用于不同语言处理任务的组件，例如解析器、形态学、标记、信息检索工具、各种语言的信息提取组件，以及许多其他的组件。GATE Developer 集成开发环境和 Gate Embeded 框架提供了一个经过广泛应用和评估的信息提取系统（ANNIE），已在许多工业系统或研究系统中进行广泛的采用和评估（如MUC、TREC、ACE、DUC、Pascal、NTCIR等）。ANNIE通常用于为非结构化内容（语义注释）创建RDF或OWL（元数据）。

GATE采用一种基于组件的软件架构，GATE框架下每个组件也被称作资源，是一种可重用的软件块并提供完整定义的接口以实现不同环境下的部署调用。每个资源都具有不同的语言处理功能，可以通过资源之间的不同组合形成工作流实现不同任务。CREOLE是GATE中所有资源的集合，这些资源分为3种类型：（1）语言资源（LRS），包括词典、语料集、本体等；（2）处理资源（PRS），主要是文本处理算法，如分词、标注、n元语法模型等；（3）可视化资源（VRS），主要是图形用户界面中的可视化及编辑组件。GATE的完整组件构成如图6.6-2所示。

- 语料集、文本、标注

语料集、文本及标注是典型的语言资源。GATE标注可以看作一条

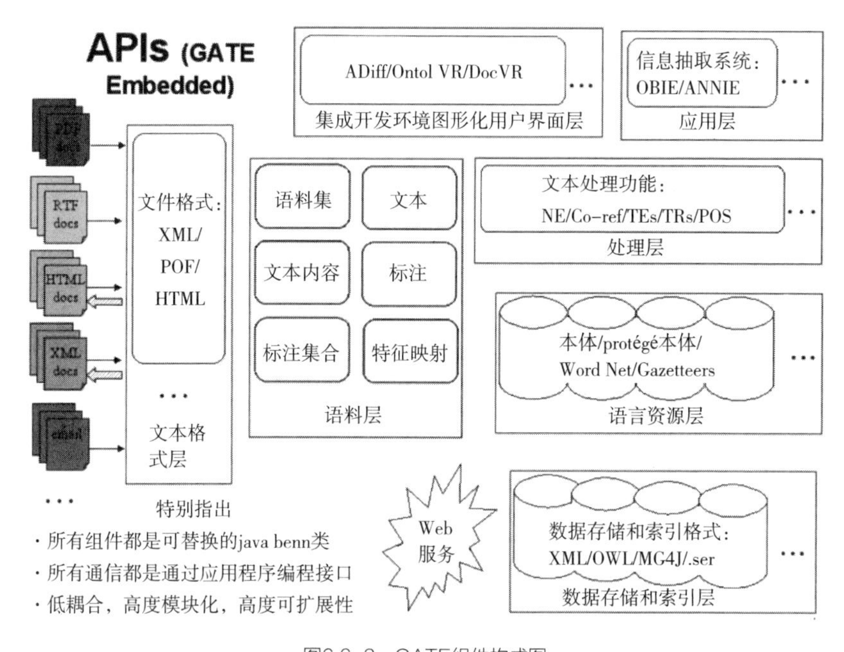

图6.6-2　GATE组件构成图

有向边，包括ID值、起始节点、终止节点、标注类型和特征集合。其中特征集合是一系列属性与值（feature，value）所构成二元组的集合。GATE文档则由文档内容、文档标注及文档特征集构成。GATE语料集则由GATE文档集合及其自身特征集构成。

● ANNIE系统

ANNIE系统是部署在GATE框架下的专门进行信息抽取的应用管道。它集成了一系列的语言资源和处理资源，依赖用户词典和有限状态转换完成标注抽取任务。JAPE语言是GATE提供的基于正则表达式实现标注集合的有限状态转换的模板描述规则语言。一条JAPE规则由左右两部分组成，其中左面部分（LHS）对所要匹配的模式进行描述，右面部分（RHS）对LHS匹配的文本内容进行标注的创建和管理。LHS在描述具体的模式时，包括基本的模式和由基本模式组合形成的复杂模式。

基本模式主要包括具体的标注类型，或者标注的特征值。复杂模式主要是简单模式通过序列、多选、集聚、重复和否定5种形式的复合。表6.6–1总结了JAPE规则的模式形式。我们利用GATE的ANNIE系统实现基于本体的信息抽取。

JAPE规则模式　　表6.6–1

模式名称	模式形式	含义
基本模式	{Type} 或 {Type: feature = value}	匹配标注类型，或者标注的特征值
序列	pattern，pattern，...，pattern	按照序列顺序依次匹配每个子模式
选择	pattern1 | pattern2	对其中之一能够匹配
集聚	(pattern1; pattern2 : : : patternN)	匹配小括号内每个模式并作为一个整体
否定	{!Type}, {!Type: feature} 或 {Type: feature! =Value}	匹配不满足相应特征的模式
重复	?, * , +, [m, n]	匹配满足要求的重复次数的模式

6.6.2　信息抽取流程

社交媒体文本数据信息抽取流程可以分为以下四步：①文档预处理，包括文档去重、分词、词性标注；②语义标注，基于用户词典和领域本体标注文档中的类、属性及个体；③信息抽取，构建抽取模板，转换为JAPE规则并实现信息自动提取；④抽取结果建模和存储，将结果以RDF图结构存储。

下面将以抽取微博中有关“交通状况”的信息为例，阐述信息抽取的具体流程实现。通过分析发现微博中含有与“交通状况”相关话题的内容，大都有比较一致的表述方式，如下面例子所示：

（1）#出行提示#当前，京藏高速进京方向北郊农场桥至清河桥路段

交通恢复正常。（市交通委TOCC与首发集团联合提供）

（2）#出行提示#目前，京藏高速进京方向北郊农场桥至清河桥路段交通流量大。请途经车辆注意控制车速，集中精力，安全驾驶。（市交通委TOCC与首发集团联合提供）

（3）#出行提示#目前，保福寺桥到中关村西行驶缓慢，北郊农场桥东车多，德外大街由北向南方向冰窟口胡同路段道路拥堵。

（4）#出行提示#网友提示大家：目前，回龙观北郊农场桥进京方向拥堵，队尾已经排到龙华园了。

（5）#高速路况#目前，京藏高速出京方向西三旗桥一辆小客车撞左侧护栏事故处理完毕，交通恢复正常。（市交通委TOCC提供）

（6）#双节政务微提醒#【高速路况】目前，京藏高速清河桥进京方向有事故，队尾排至西三旗桥，过往车辆可绕行京新高速行驶。

（7）#一路同行#网友@沛沛暴脾气提示大家西三旗桥北有事故，请准备途经的车辆提前选择行车路线。

因此，可以考虑利用模板的方式抽取出其中有关对道路及站点通行状况的描述。在自然语言预处理过程中，完成文档的分词，以及对文档中形容词（adj）、副词（adv）、标点符号（wp）等的词性标注工作。将词本身信息及词性标注信息存储在标注集合Origin中，有关标注的具体信息见表6.6–2。

词法及语义标注信息　　表6.6–2

标注集合	标注类型	标注特征	标注说明
Origin	Token	String postag	标注具体的词语及词性信息
GazetteerAS	Lookup	majorType minorType	标注用户词典中的实例，本体中的类、个体及属性
TransducerAS	Triple	subject predicate object	标注需要抽取的 RDF 三元组的主语、谓语及宾语

本体中回龙观地区道路、站点被建模为类，类所包含的个体为具体的道路站点名称，如图6.6-3所示。利用本体提供的信息对微博中出现的具体道路站点名称进行语义标注，并将标注信息存储在标注集合GazetteerAS中，标注的majorType特征值对应为个体的类名称。

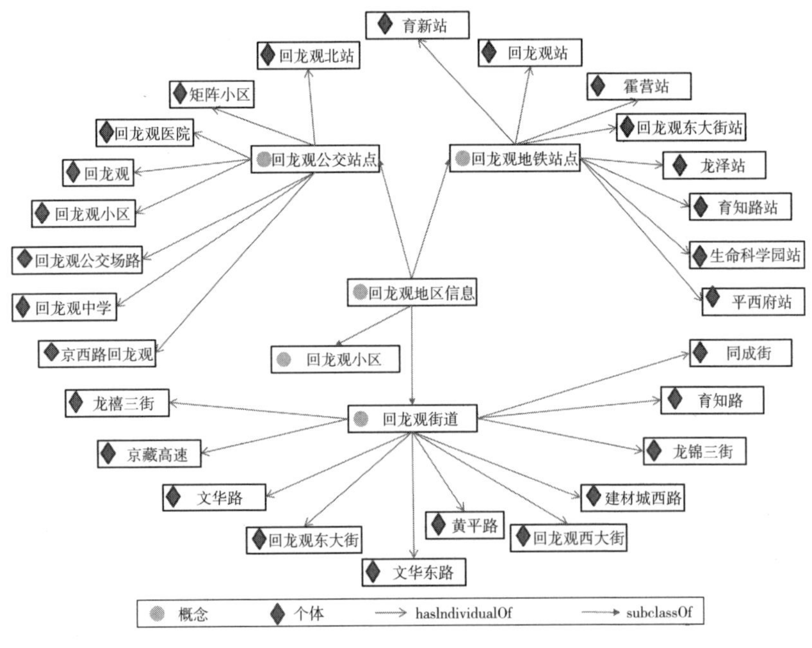

图6.6-3　本体中“站点”、“道路”概念示例图

本书根据对具体微博数据的总结，构建了交通状况抽取模板，如表6.6-3所示。

微博交通状况抽取模板　　表6.6-3

模板 1	[道路]*+[ ]*+[车流 | 车行 | 行驶]+[adj|adv]
模板 2	[道路]*+[ ]*+[有 | 出现 | 发生]+[ ]*+[wp]
模板 3	[站点]*+[ ]*+[乘客 | 客流量]+[adj|adv]

接下来则是将模板转换为具体的JAPE规则实现标注的转换及信息抽取。其中JAPE规则的LHS对上述构建的模板进行描述，RHS则对模板中需要抽取的部分创建标注，对应属性值为subject，predicate及object，并存储在TransducerAS标注集合中。模板与JAPE规则的具体对应关系见表6.6–4。最后则是抽取出TransducerAS标注集合中每个标注对应的subject、predicate以及object特征的特征值，构成RDF三元组（subject，predicate，object），表6.6–5是抽取出的RDF三元组的一些具体实例。

模板与对应JAPE规则　　表6.6–4

模板 1：[道路]*+[ ]*+[车流 | 车行 | 行驶]+[adj|adv]

```
Rule One:
(
({Lookup.majorType=="道路"}):a
({Token})?
({Token.string=="车流"}j{Token.string=="车行"}j{Token.string=="行驶"}):b
({Token.postag=="a"}j{Token.postag=="d"}):c
):doc
!
:doc.Triple=
{subject = :a.Lookup@string，predicate = :b.Token@string，object = :c.Token@string}
```

模板 2：[道路]*+[ ]*+[有 | 出现 | 发生]+[ ]*+[wp]

```
Rule Two:
(
({Lookup.majorType=="道路"}):a
({Token})?
({Token.string=="有"}j{Token.string=="出现"}j{Token.string=="发生"}):b
({Token.postag!="wp"})?:c
{Token.postag=="wp"}
):doc
!
:a.subject={},
:b.predicate={},
:c.object={}
```

模板 3：［站点］*+[ ]*+[乘客 | 客流量]+[adj|adv]

```
Rule Three:
(
({Lookup.majorType=="站点"}):a
({Token})?
({Token.string=="乘客"}j{Token.string=="客流量"}):b
({Token.postag=="a"}j{Token.postag=="d"})+:c
):doc
!
:doc.Triple=
{subject = :a.Lookup@string, predicate = :b.Token@string, object = :c.Token@string}
```

微博交通状况抽取结果示例　　表6.6-5

Subject	Predicate	Object
黄平路	车流量	大
文华路	车速	缓慢
京藏高速	路况	通行
京藏高速	路面事件	3 车追尾事故
回龙观站	客流量	大

6.6.3 基于本体的查询推理

6.6.2节中抽取得到的RDF三元组之间并非彼此孤立，它们彼此存在关联，构成一个完整的RDF图。RDF三元组结合微博ID、发布时间和微博用户信息构成如表6.6-6所示信息，对表6.6-6中微博ID号为3652065610147192的两行记录可以构建如图6.6-4所示的RDF图。

由此将抽取结果建模为RDF语义图的形式，可以利用图数据库进行数据的管理查询。这里我们选择图数据库存储而非一般的关系型数据库有以下两点理由：一是数据本身的特点更符合图模型而非传统的关系代

微博交通状况抽取结果示例　　表6.6-6

微博 ID	发布时间	发布用户	Subject	Predicate	Object
3615896428259248	2013/08/27 13:12:00	听说交通	文华路	车速	缓慢
3652073671559673	2013/12/05 09:07:00	交通路况	京藏高速	路况	拥堵
3652065610147192	2013/12/05 08:35:00	交通路况	京藏高速	路况	拥堵
3652065610147192	2013/12/05 08:35:00	交通路况	京藏高速	路面事件	3 车追尾事故
3639729520177905	2013/11/01 07:36:00	pepsijava	建材城西路	车速	畅通

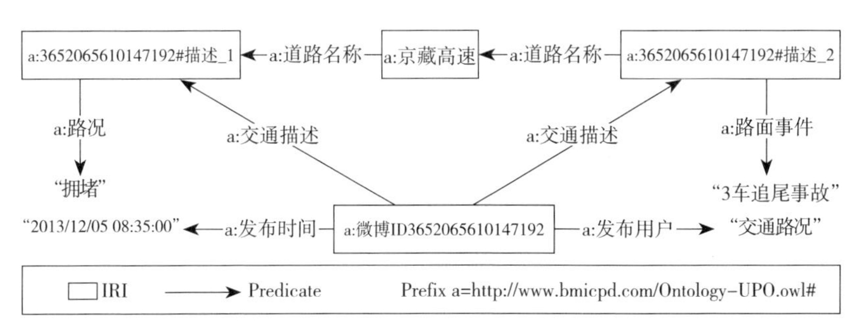

图6.6-4　基于微博抽取结果构建的RDF图

数模型，具体的道路和站点作为图的节点，它们具有的属性作为边是很自然的建模方式；二是考虑到后续在对数据的查询过程中可能遇到比较多的JOIN操作，这种操作使用关系型数据库会有比较大时间开销，而这种问题使用图的遍历算法可以得到有效的解决。利用信息抽取得到的RDF图是微博所含信息的结构化表达，查询过程中也只能得到图中显式表达的结果，所以只能对其中的具体道路及站点的交通状况进行查询。但如果想要查询回龙观地区某个具体小区的出行便捷情况，因为RDF图中并没有对相关小区的描述，所以将无法给出答案。但是利用现实生活中的常识，如果某个小区周边的道路站点都具有比较畅通的交通状况，那么可以推知该小区的出行也应该比较便捷。为此，对已有的城市规划社会感知本体进行扩充，将小区周边的道路站点信息引入，利用本体中的信息辅助RDF图的查询，从而得到更为丰富的查询结果。

6.6.3.1 本体扩充

本体中，回龙观地区道路、站点以及小区作为个体分别从属于“回龙观公交站点”“回龙观地铁站点”“回龙观街道”以及“回龙观小区”四个类。首先构建两个对象属性（Object Property）：“小区周边站点”和“小区周边道路”，给出定义域和值域，如表6.6–7和表6.6–8所示。然后根据每个小区周边的道路站点信息，为“回龙观小区”类中的每个个体添加关系声明。以龙泽苑小区为例，地图中可以发现其周边道路包括同成街、育知路、回龙观东大街及京藏高速，周边站点包括地铁龙泽站。则对应的为本体中的个体“龙泽苑”添加“小区周边道路”及“小区周边站点”关系声明，如表6.6–9所示。以同样的步骤为“回龙观小区”类中的其他个体添加关系声明。

对象属性“小区周边站点”的OWL定义　　表6.6–7

```
<!– http://www.owl-ontologies.com/Ontology1324893558.owl#小区周边站点–>
<owl:ObjectProperty rdf:about="&CP；小区周边站点">
    <rdfs:domain rdf:resource="&CP；回龙观小区"/>
    <rdfs:range>
      <owl:Class>
        <owl:unionOf rdf:parseType="Collection">
          <rdf:Description rdf:about="&CP；回龙观公交站点"/>
          <rdf:Description rdf:about="&CP；回龙观地铁站点"/>
        </owl:unionOf>
      </owl:Class>
    </rdfs:range>
</owl:ObjectProperty>
```

对象属性“小区周边道路”的OWL定义　　表6.6-8

```
<!– http://www.owl-ontologies.com/Ontology1324893558.owl#小区周边道路–>
<owl:ObjectProperty rdf:about="&CP；小区周边道路">
        <rdfs:domain rdf:resource="&CP；回龙观小区"/>
        <rdfs:range rdf:resource="&CP；回龙观街道"/>
</owl:ObjectProperty>
```

个体“龙泽苑”的OWL定义　　表6.6-9

```
<!– http://www.owl-ontologies.com/Ontology1324893558.owl#龙泽苑–>
<owl:NamedIndividual rdf:about="&CP；龙泽苑">
        <rdf:type rdf:resource="&CP；回龙观小区"/>
        <小区周边道路rdf:resource="&CP；京藏高速"/>
        <小区周边道路rdf:resource="&CP；同成街"/>
        <小区周边道路rdf:resource="&CP；回龙观西大街"/>
        <小区周边道路rdf:resource="&CP；育知路"/>
        <小区周边站点rdf:resource="&CP；龙泽站"/>
</owl:NamedIndividual>
```

6.6.3.2　RDF语义图

在本体扩充的基础上，利用Oracle公司开发的RDF语义图技术可以系统性实现RDF图数据的存储、本体存储以及本体辅助的图数据推理查询的任务。Oracle RDF语义图[①]提供了针对RDF数据、本体数据等包括存储、查询和推理在内的一系列功能，其功能图如图6.6–5所示。数据存储层面，支持包括传统关系型数据和基于RDF、RDFS以及OWL表示的本体图数据类型；推理层面，支持RDFS，SKOS以及OWL语言的一系列子集，包括RDFS++，OWLSIF，OWLPrime以及OWL2RL；查询层面，实现本体辅助的数据查询，同时用户还可以通过定义规则或规则

①http://www.oracle.com/technetwork/database-options/spatialandgraph/overview/rdfsemantic-graph-1902016.html

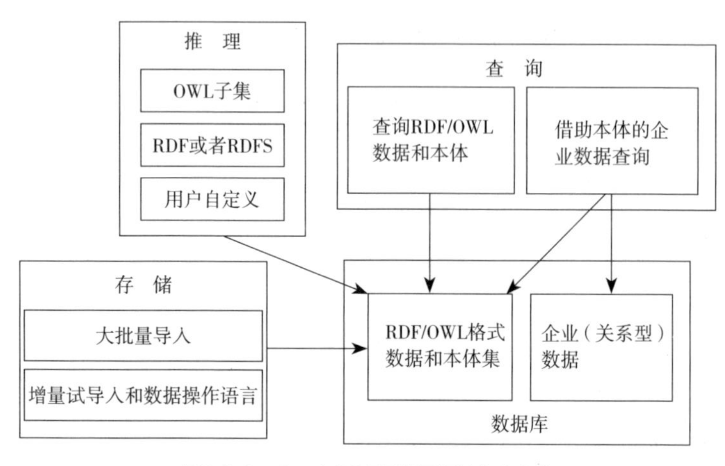

图6.6-5　OracleRDF语义图组件核心功能

库来增强查询能力。在整个存储、查询及推理流程中通过并行化处理有效提高系统性能。

我们利用RDF语义图技术将信息抽取得到的RDF图和扩充后的本体进行统一存储，实现了RDF图和本体的有效链接，如图6.6-6所示。通

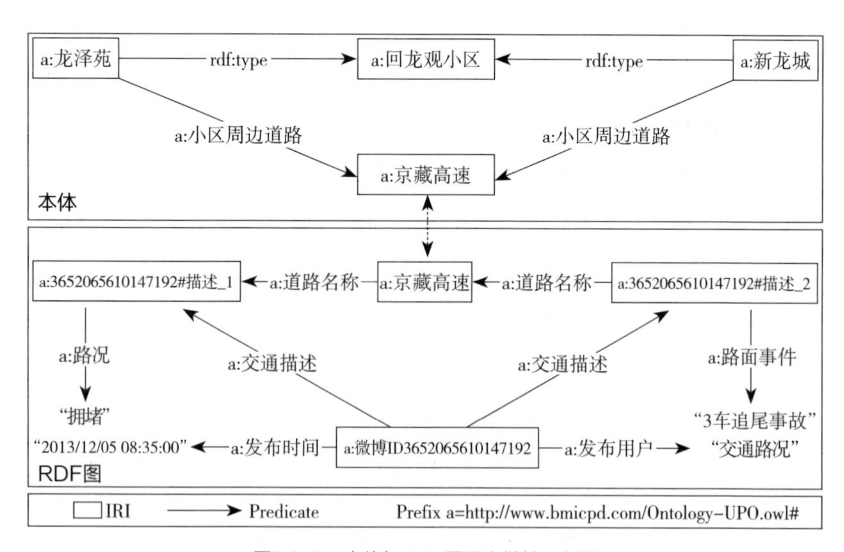

图6.6-6　本体与RDF图语义链接示例图

过这种链接，可以利用SPARQL进行语义查询，表6.6–10为查询小区附近交通状况的SPARQL语句。

基于语义链接的查询小区交通状况的SPARQL语句　表6.6–10

```
PREFIX u:<http://www.owl-ontologies.com/Ontology1324893558.owl#>
PREFIX rdf:<http://www.w3.org/1999/02/22-rdf-syntax-ns#>
SELECT ?area     ?predicate       ?condition
WHERE {?area     rdf:type         u:回龙观小区.
       ?area     u:小区周边道路   ?road.
       ?t        u:道路名称       ?road.
       ?t        ?predicate       ?condition.}
```

除了上面将RDF图和本体进行语义链接以实现对小区交通状况的查询之外，也可以通过定义规则实现推理查询，具体参见5.3.2.2节。

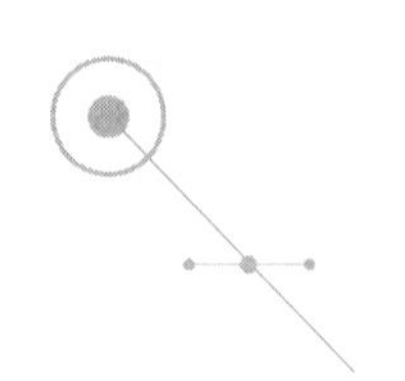

第7章 规划社会感知语义计算应用系统

总体上，规划社会感知语义计算是一项技术性较强的工作。在城市规划业务工作中，面向不同的规划任务和使用者，相应的软件系统在设计和实现方法上，应有所区别。本章介绍的规划社会感知语义计算应用系统，提供全面的、适合针对城市规划行业开展语义计算功能框架，其在界面和功能设计上较为专业，适合熟悉语义计算的专业技术人员使用它来为规划设计和城市研究工作提供咨询服务。

7.1 系统体系结构

社交媒体数据是非结构化的自然语言文本数据，要从中提取出有价值的信息，依赖于自然语言理解技术。而社交媒体平台往往又是海量信息的汇集入口，积累的社交媒体依赖于大规模数据分析和挖掘技术。从网上文本数据到本地知识信息，实现的是数据的提纯和净化。这一过程主要经过了数据的获取和管理、数据的预处理和分析挖掘，以及知识存储和应用三个主要阶段。基于上述分析，我们设计系统体系结构主要分为三层，包括数据层、处理层和输出层，分别对应上述数据处理的三个阶段，系统结构如图7.1所示。

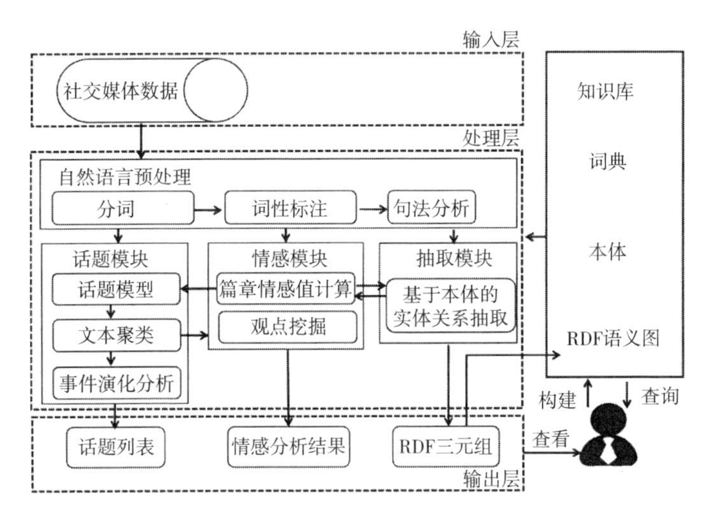

图7.1　规划社会感知语义计算应用系统体系结构

7.1.1　社交媒体语义分析框架的数据层和输出层

数据层实现社交媒体数据的存储、查询、提取和更新。处理层通过对输入数据的分析挖掘，将处理得到的结构化结果存储在输出层，此外输出层还负责用户查询以及结果的可视化展示。输出层的结果主要由话题列表，情感分析结果和RDF图三部分构成。

7.1.2　社交媒体语义分析框架的处理层

处理层对数据层传入的社交媒体文本数据进行预处理和分析挖掘，包含四个模块：自然语言预处理模块、话题模块、情感模块以及信息抽取模块。

1. 自然语言预处理模块

该模块是其他三个处理模块的基础，提供数据清洗功能包括文本去重，网址链接、转发提示符号过滤以及自然语言处理功能包括分词、词性标注以及句法分析。利用该模块提供的数据预处理功能，可将原始文本数据转换为其他模块可处理的格式。其中数据清洗以及文本分词是每个模块必须的处理操作，另外话题模块需要停用词处理，情感模块需要词性标注，信息抽取模块需要依存句法分析。

2. 话题分析模块

话题模块包括话题分析、文档聚类以及事件演化分析三个子模块。这三个子模块之间存在着前后承接关系，在话题分析基础上，将同属于一个话题的文档进行聚类。对于热点事件相关的话题，可以进一步对话题下的聚类文档进行事件演化分析。

3. 情感分析模块

情感模块包括情感分析和观点挖掘两个子模块。情感分析是篇章层面的分析，给出一篇文章整体的情感极性以及情感强度值。而观点挖掘是句子层面的分析，给出具体的评价对象以及相应的评价词。

4. 信息抽取模块

信息抽取模块实现基于本体的信息抽取。利用本体中类、属性以及个体的相关定义对文本中内容进行语义标注，在此基础上实现结构化信息的提取，并将结果建模为RDF图传递给输出层。

7.2 系统功能模块

7.1.1节的系统体系结构图7.1展示了各个功能模块核心的功能、在整体框架上所处的位置以及各个功能模块相互之间的交互关系。本节开始分析各个功能模块具体实现的功能，所采用的技术方案，详细代码接口以及数据格式。按照功能类别划分，系统总体功能分为3大类，如图7.2–1所示。

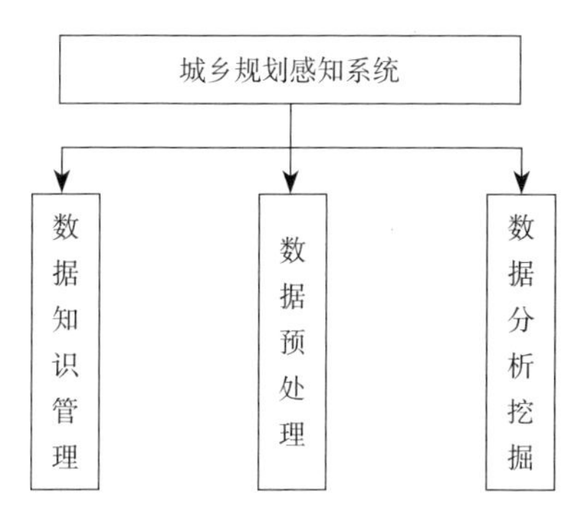

图7.2–1　城市规划社会感知语义分析系统总体功能结构图

7.2.1　数据知识管理

数据知识管理功能模块主要实现数据库存储、查询、更新和删除等管理任务。数据库包括社交媒体数据（如微博、微信公众号文章、社区论坛数据），以及知识资源包括本体、词典、RDF图等。数据库的整体结构组成如图7.2–2所示。

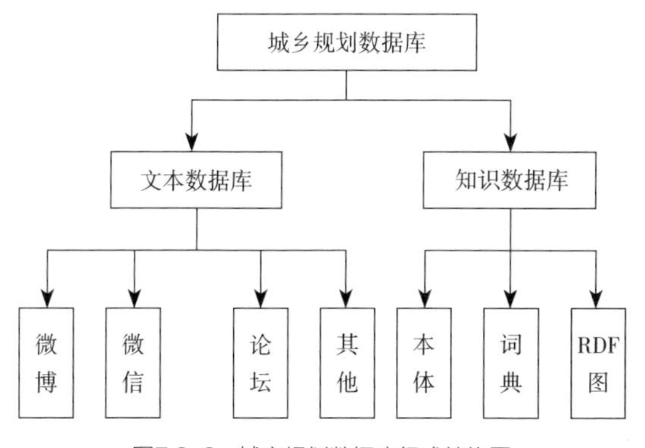

图7.2–2　城市规划数据库组成结构图

7.2.1.1 文本数据库格式说明

不同于纯文本格式数据，微博、微信以及社区论坛数据属于半结构化数据形式，除正文之外，同时包括用户、发布时间以及签到地点，微博数据同时还包括评论数、转发数等信息。有关微博、微信和论坛的数据格式如图7.2-3、图7.2-4以及图7.2-5所示。

	COLUMN_NAME	DATA_TYPE	NULLABLE	DATA_DEFAULT	COLUMN_ID	COMMENTS
1	ID	NUMBER(38,0)	Yes	(null)	1	(null)
2	用户名	VARCHAR2(100 BYTE)	Yes	(null)	2	(null)
3	上级作者	VARCHAR2(100 BYTE)	Yes	(null)	3	(null)
4	正文	VARCHAR2(1000 BYTE)	Yes	(null)	4	(null)
5	转发	NUMBER(38,0)	Yes	(null)	5	(null)
6	评论	NUMBER(38,0)	Yes	(null)	6	(null)
7	时间	VARCHAR2(100 BYTE)	Yes	(null)	7	(null)
8	内容链接	VARCHAR2(1000 BYTE)	Yes	(null)	8	(null)
9	地区	VARCHAR2(100 BYTE)	Yes	(null)	9	(null)

图7.2-3 微博数据字段说明

	COLUMN_NAME	DATA_TYPE	NULLABLE	DATA_DEFAULT	COLUMN_ID	COMMENTS
1	媒体名称	VARCHAR2(100 BYTE)	Yes	(null)	1	(null)
2	原始出处	VARCHAR2(100 BYTE)	Yes	(null)	2	(null)
3	标题	VARCHAR2(4000 BYTE)	Yes	(null)	3	(null)
4	作者	VARCHAR2(100 BYTE)	Yes	(null)	4	(null)
5	链接地址	VARCHAR2(500 BYTE)	Yes	(null)	5	(null)
6	发布时间	VARCHAR2(100 BYTE)	Yes	(null)	6	(null)
7	媒体类型	VARCHAR2(100 BYTE)	Yes	(null)	7	(null)
8	版面位置	VARCHAR2(100 BYTE)	Yes	(null)	8	(null)
9	字数	NUMBER	Yes	(null)	9	(null)
10	BBSNUM	NUMBER	Yes	(null)	10	(null)
11	正文	CLOB	Yes	(null)	11	(null)
12	ID	VARCHAR2(100 BYTE)	Yes	(null)	12	(null)

图7.2-4 微信数据字段说明

	COLUMN_NAME	DATA_TYPE	NULLABLE	DATA_DEFAULT	COLUMN_ID	COMMENTS
1	IR_URLTIME	VARCHAR2(100 BYTE)	Yes	(null)	1	(null)
2	IR_CHANNEL	VARCHAR2(50 BYTE)	Yes	(null)	2	(null)
3	IR_AUTHORS	VARCHAR2(100 BYTE)	Yes	(null)	3	(null)
4	IR_ABSTRACT	VARCHAR2(4000 BYTE)	Yes	(null)	4	(null)
5	IR_SITENAME	VARCHAR2(50 BYTE)	Yes	(null)	5	(null)
6	IR_URLNAME	VARCHAR2(500 BYTE)	Yes	(null)	6	(null)
7	IR_URLTITLE	VARCHAR2(4000 BYTE)	Yes	(null)	7	(null)

图7.2-5 社区论坛字段说明

7.2.1.2 知识数据库格式说明

1. 城市规划本体

城市规划本体UPO（Urban Planning Ontology）是由北京市城市规划设计研究院通过对规划组织内日常规划制定和业务管理中所涉及概念、信息、技术、方法、管理内容与方式等进行分析和归纳，在本体创建编辑和可视化软件Protégé软件中通过概念抽象、类关系和数值关系描述、查询检索式和推理规则定义等方法建模设计而成。该本体采用W3C组织提供的本体标准语言OWL（Web Ontology Language）设计而成。下面给出OWL语言的语法及其对应的语义定义。

OWL词汇包括一个字符集合V_L和7个URI集合，V_C，V_D，V_I，V_{DP}，V_{IP}，V_{AP}，其中V_C表示本体中概念的集合，包括owl：Thing和owl：Nothing。V_D表示数据类型名的集合，包含了内置于OWL内的所有数据类型。V_{AP}说明属性的集合包含 owl:versionInfo，rdfs:label，rdfs:comment，rdfs:seeAlso等。V_{IP}表示对象属性名的集合。V_{DP}表示数值属性名的集合。V_I表示个体名的集合。V_O表示本体名的集合。一个OWL解释可以形式化的表示为元组$I=<R, EC, ER, L, S, LV>$，其中符号P表示幂集操作符，O表示解释中所有实例的集合，D表示数据类型的映射，d表示数据类型，"v"^^d表示数据类型d中的值v。

· R，表示个体的集合

· LV，字符串的集合，是R的子集

· EC：$V_C \rightarrow P(O)$ 映射概念到解释中实例的集合

· EC：$V_D \rightarrow P(LV)$ 映射数据类型到解释中字符串的集合

· ER：$V_{DP} \rightarrow P(O \times LV)$ 映射数据属性到解释中实例和字符串的二元组的集合

· ER：$V_{IP} \rightarrow P(O \times O)$ 映射对象属性到解释中实例和实例的二元组

的集合

· ER：$V_{\mathrm{AP}} \cup$ { rdf:type } $\rightarrow P(R \times R)$

· ER：$V_{\mathrm{OP}} \rightarrow P(R \times R)$

· L：$TL \rightarrow LV$，其中TL表示V_{L}中类型化后的值的集合

· S：$V_{\mathrm{I}} \cup V_{\mathrm{C}} \cup V_{\mathrm{D}} \cup V_{\mathrm{DP}} \cup V_{\mathrm{IP}} \cup V_{\mathrm{AP}} \cup V_{\mathrm{O}} \cup$ {owl:Ontology, owl: DeprecatedClass, owl:DeprecatedProperty } $\rightarrow R$

· $S(V_{\mathrm{I}}) \subseteq O$ 映射个体到解释中的实例

· EC(owl:Thing) = $O \subseteq R$映射概念Thing到解释中实例的全集

· EC(owl:Nothing) = { } 映射概念Nothing到解释中实例的空集

· EC(rdfs:Literal) = LV

· 如果 $D(d') = d$那么$EC(d') = V(d)$

· 如果 $D(d') = d$那么$L("v"\hat{}\hat{}d') \in V(d)$

· 如果 $D(d') = d$和$v \in L(d)$ 那么 $L("v"\hat{}\hat{}d') = L2V(d)(v)$

· 如果$D(d') = d$和$v \notin L(d)$ 那么 $L("v"\hat{}\hat{}d') \in R - LV$($R$中除去$LV$的部分)

OWL中构造符的语义解释　　表7.2-1

语法（Abstract Syntax）	解释（Interpretation (value of EC)）
complementOf(c)c 表示概念	O − EC(c)
unionOf($c_1 \cdots c_n$)c_n 表示概念	EC(c_1) ∪ ⋯ ∪ EC(c_n)
intersectionOf($c_1 \cdots c_n$)	EC(c_1) ∩ ⋯ ∩ EC(c_n)
oneOf($i_1 \cdots i_n$)，i_j 表示个体	{S(i_1)，⋯，S(i_n)}
oneOf($v_1 \cdots v_n$)，v_j 表示字符	{S(v_1)，⋯，S(v_n)}
restriction($p\ x_1 \cdots x_n$)，对 n>1	EC(restriction($p\ x_1$)) ∩⋯∩ EC(restriction($p\ x_n$))
restriction(p allValuesFrom(r))	{$x \in O$|<x，y> ∈ ER(p) implies y ∈ EC(r)}
restriction(p someValuesFrom(e))	{$x \in O$|∃<x，y> ∈ ER(p) ∧ y ∈ EC(e)}
restriction(p value(i))，i 表示个体	{$x \in O$|<x，S(i)> ∈ ER(p)}
restriction(p value(v))，v 表示字符	{$x \in O$|<x，S(v)> ∈ ER(p)}

续表

语法（Abstract Syntax）	解释（Interpretation (value of EC)）
restriction(p minCardinality(n))	$\{x \in O \mid card(\{y \in O \cup LV: <x, y> \in ER(p)\}) \geq n\}$
restriction(p maxCardinality(n))	$\{x \in O \mid card(\{y \in O \cup LV: <x, y> \in ER(p)\}) \leq n\}$
restriction(p cardinality(n))	$\{x \in O \mid card(\{y \in O \cup LV: <x, y> \in ER(p)\}) = n\}$
Individual(type(c_1) … type(c_m) pv_1 … pv_n)	$EC(c_1) \cap \cdots \cap EC(c_m) \cap EC(pv_1) \cap \cdots \cap EC(pv_n)$
Individual(i type(c_1) … type(c_m) pv_1 … pv_n)	$\{S(i)\}$ $EC(c_1) \cap \cdots \cap EC(c_m) \cap EC(pv_1) \cap \cdots \cap EC(pv_n)$
value(p Individual(…))	$\{x \in O \mid \exists y \in EC(Individual(\cdots)): <x, y> \in ER(p)\}$
value(p id) id 为个体	$\{x \in O \mid <x, S(id)> \in ER(p)\}$
value(p v) v 为字符	$\{x \in O \mid <x, S(v)> \in ER(p)\}$
annotation(p o) for o a URI reference	$\{x \in R \mid <x, S(o)> \in ER(p)\}$
annotation(p Individual(…))	$\{x \in R \mid \exists y \in EC(Individual(\cdots)) : <x, y> \in ER(p)\}$

OWL公理的语义解释　　表7.2-2

公理（Directive）	解释（Interpretations）
Class(c complete $descr_1$ … $descr_n$) 概念 c 的等价定义	$EC(c) = EC(descr_1) \cap \cdots \cap EC(descr_n)$
Class(c partial $descr_1$ … $descr_n$) 概念 c 的包含定义	$EC(c) \subseteq EC(descr_1) \cap \cdots \cap EC(descr_n)$
EnumeratedClass(c i_1 … i_n) 枚举概念的定义	$EC(c) = \{S(i_1), \cdots, S(i_n)\}$
Datatype(c) 类型声明	$EC(c) \subseteq LV$
DisjointClasses(d_1 … d_n) 不相交概念公理	$EC(d_i) \cap EC(d_j) = \{\}$ for $1 \leq i < j \leq n$
EquivalentClasses(d_1 … d_n) 等价概念公理	$EC(d_i) = EC(d_j)$ for $1 \leq i < j \leq n$

续表

公理（Directive）	解释（Interpretations）
SubClassOf(d_1 d_2) 子概念公理	$EC(d_1) \subseteq EC(d_2)$
DatatypeProperty(p super(s_1) ⋯ super(s_n) domain(d_1) ⋯ domain(d_n) range(r_1) ⋯ range(r_n)[Functional])	$ER(p) \subseteq ER(s_1) \cap \cdots \cap ER(s_n) \cap$ $EC(d_1) \times LV \cap \cdots \cap$ $EC(d_n) \times LV \cap O \times EC(r_1) \cap \cdots \cap$ $O \times EC(r_n)$ [ER(p) is functional]
ObjectProperty(p super(s_1) ⋯ super(s_n) domain(d_1) ⋯ domain(d_n) range(r_1) ⋯ range(r_n) [inverse(i)] [Symmetric] [Functional] [InverseFunctional] [Transitive])	$ER(p) \subseteq ER(s_1) \cap \cdots \cap ER(s_n)$ $\cap EC(d_1) \times O \cap \cdots \cap EC(d_n) \times O \cap$ $O \times EC(r_1) \cap \cdots \cap O \times EC(r_n)$ [ER(p) is the inverse of ER(i)] [ER(p) is symmetric] [ER(p) is functional] [ER(p) is inverse functional] [ER(p) is transitive]
AnnotationProperty(p annotation(p_1 o_1) ⋯ annotation(p_k o_k))	$S(p) \in EC(annotation(p_1\ o_1))$ ⋯ $S(p) \in EC(annotation(p_k\ o_k))$
OntologyProperty(p annotation(p_1 o_1) ⋯ annotation(p_k o_k))	$S(p) \in EC(annotation(p_1\ o_1))$ ⋯ $S(p) \in EC(annotation(p_k\ o_k))$
EquivalentProperties(p_1 ⋯ p_n)	$ER(p_i)=ER(p_j)$ 对 $1 \leqslant i < j \leqslant n$
SubPropertyOf(p_1 p_2)	$ER(p_1) \subseteq ER(p_2)$
SameIndividual(i_1 ⋯ i_n)	$S(i_j) = S(i_k)$ for $1 \leqslant j < k \leqslant n$
DifferentIndividuals(i_1 ⋯ i_n)	$S(i_j) \neq S(i_k)$ for $1 \leqslant j < k \leqslant n$
Individual([i] type(c_1) ⋯ type(c_m) pv_1 ⋯ pv_n)	EC(Individual([i] type(c_1) ⋯ type(c_m) pv_1 ⋯ pv_n)) is nonempty

```
<!-- http://www.bmicpd.com/Ontology-UPO.owl#具有规划成果 -->

<owl:ObjectProperty rdf:about="&Ontology-UPO;具有规划成果">
    <rdf:type rdf:resource="&owl;FunctionalProperty"/>
    <rdf:type rdf:resource="&owl;InverseFunctionalProperty"/>
    <owl:inverseOf rdf:resource="&Ontology-UPO;对应项目"/>
    <rdfs:range rdf:resource="&Ontology-UPO;规划成果"/>
    <rdfs:domain>
        <owl:Class>
            <owl:unionOf rdf:parseType="Collection">
                <rdf:Description rdf:about="&Ontology-UPO;科研项目"/>
                <rdf:Description rdf:about="&Ontology-UPO;规划项目"/>
            </owl:unionOf>
        </owl:Class>
    </rdfs:domain>
</owl:ObjectProperty>
```

图7.2-6　UPO本体中关于对象属性“具有规划成果”的OWL定义

2. 词典资源

1）同义词词林

在5.2.1节已经介绍了哈工大社会计算与信息检索研究中心开发的《同义词词林》，它按照树状的层次结构把所有收录的词条组织到一起，将词汇分成大、中、小三类，大类有12个，中类有97个，小类有1400个。每个小类里都有很多的词，这些词有根据词义的远近和相关性分成了若干个词群（段落）。每个段落中的词语有进一步分成了若干个行，同一行的词语要么词义相同（有的词义十分接近），要么词义有很强的相关性。

编码位	1	2	3	4	5	6	7	8
符号举例	D	a	1	5	B	0	2	=\#\@
符号性质	大类	中类	小类	词群		原子词群		
级别	第1级	第2级	第3级	第4级		第5级		

图7.2-7 《同义词词林》词语编码示例图

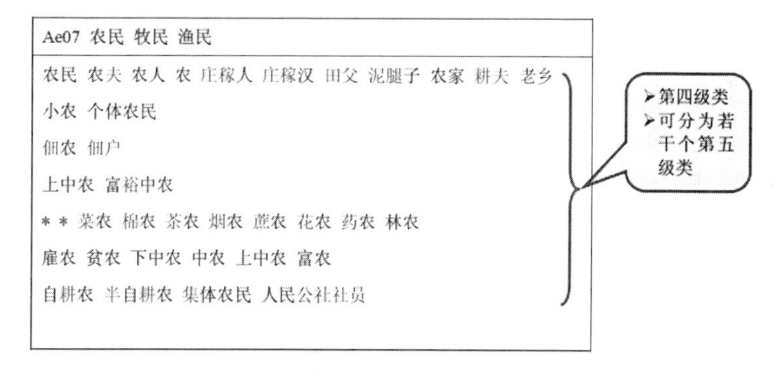

图7.2-8 《同义词词林》词典结构示例

2）情感词典和程度词词典

两类词典的具体描述请参见5.2.2节和5.2.3节。

3. RDF图

RDF图则是由RDF三元组（主语、谓语、宾语）集合构成的有向带标签图，其中每个节点代表具体的资源或属性值，边代表资源间的关系或者资源的属性。利用SPARQL查询语言可以实现对RDF图的查询。

7.2.1.3　数据库管理方案

采用按应用项目来分类组织管理数据的方式，每个项目的数据库构成如图7.2–9。其中资料库则是文本数据库，知识库细分为规则库、本体库和词典库，同时每个项目包含自己独有的成果库。

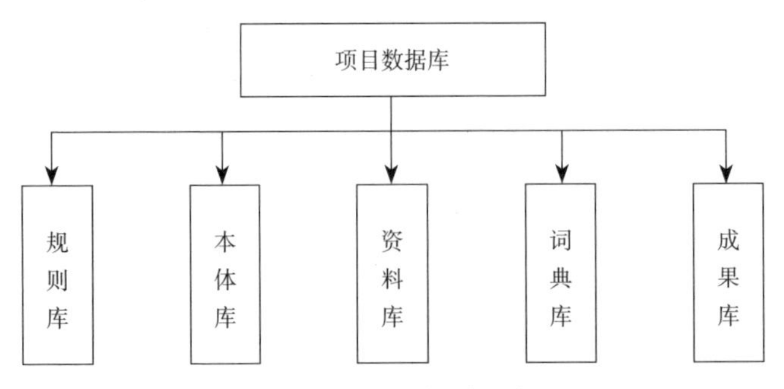

图7.2–9　项目数据库构成

1. 资料库管理

项目中的文本数据库主要是社交媒体数据，考虑到数据的半结构化特性，采用关系型数据库Oracle实现资料库的存储、统计、查询和更新。项目相应的微博、微信或论坛数据存储在Oracle表格中，具体字段说明如7.2.1节所述。

2. 本体库管理

1）本体的创建、编辑，主要利用Protégé软件实现；

2）本体的存储可以采用两种方式：

- 文件系统管理方式，存储在项目对应文件目录下；
- 利用Oracle RDF Semantic Graph接口存储在Oralce数据库中。

3. 规则库、词典库以及成果库管理

采用文件系统层级结构管理各个项目数据。每个项目对应有自己的根目录，根目录下同时包含三个文件目录：规则库、词典库和成果库。项目数据存储在对应文件目录下。

7.2.2　数据预处理

数据预处理模块实现文本清洗和自然语言处理两类功能。

7.2.2.1　文本清洗

文本清洗提供文本去重、文本字符过滤功能。传统的基于编辑距离等方式判断字符串相似度进而实现去重目的的方法存在时间开销比较大的问题。结合本项目社交媒体半结构化的具体特点，在进行文本去重过程中利用其他字段信息，如用户名称、发布时间。根据同一用户在同一时间一般不可能发布不同的微博或微信的事实，实现文本是否重复的判断。因为用户名称和发布时间的子串长度一般低于正文长度，从而有效提高效率。特定字符的过滤操作是为了无用或噪声信息的滤除，比如一些原文中的网址符号，以及虚词、介词等会给话题分析结果造成不利影响，所以需要字符过滤功能在话题分析之前将其滤除。项目中主要采用正则表达式和指定停用词词典的方式实现字符过滤。该功能对应的具体实现说明如表7.2–3所示。

文本清洗功能接口说明（接口名称：文本清晰包：datamodule 类：Filter） 表7.2-3

接口名称	包	类	方法	输入参数		返回结果	
				类型	说明	类型	说明
文本清晰	datamodule	Filter	filter ByRegex	String	文本	String	过滤后文本
				String	正则表达式		
			exclude StopWords	String	文本	String	去除停用词后文本

7.2.2.2 自然语言处理

自然语言处理实现文本分词、词性标注、句法分析和实体识别。项目中采用了两套自然语言处理工具，分别是由哈工大社会计算与信息检索研究中心开发的LTP（哈工大语言技术平台）和北京理工大学开发的NLPIR（北京理工大学分词系统，前身是中科院ICTCLAS分词系统）。两种工具采用了不同的分词算法。LTP是基于以字构词的思想，使用的模型是CRF（条件随机场）。NLPIR利用的是层叠隐马尔科夫模型（HHMM）。该功能的具体实现说明如表7.2-4所示。

自然语言处理模块接口说明（接口名称：自然语言处理 包：nlpmodule 类：NLP）表7.2-4

方法	输入参数		返回结果	
	类型	说明	类型	说明
segment	String	文本	String	NLPIR 分词后文本
	int	系统选择开关		
segment	String	文本	String	去除停用词后文本
postag	String	分词后文本	String	词对应的词性序列

续表

方法	输入参数		返回结果	
	类型	说明	类型	说明
parse	String	分词文本	String	句法依存分析结果
	String	词性文本		
ner	String	分词文本	String	命名实体识别结果
	Stirng	词性文本		

7.2.3　数据分析挖掘

7.2.3.1　话题分析

话题分析的算法原理和实现步骤参见6.3节。具体的功能实现接口如表7.2–5所示。

"话题分析"模块接口说明

（接口名称：话题分析 包：ldamodule 类：LDA）　表7.2–5

方法	输入参数		返回结果	
	类型	说明	类型	说明
train	int	话题数	.theta	文档主题概率分布文件
	int	话题词数	.phi	主题词概率分布文件
	int	迭代次数	主题词分布 .txt	每个话题对应的词列表
	String	输出文件目录	聚类 .txt	每个话题对应的文本集
	String	模型选择 LDA，DMM	聚类大小 .txt	统计每个话题的文本数目

7.2.3.2　情感分析和观点挖掘

1. 篇章情感分析

篇章情感分析指的是判断篇章整体的情感态度倾向是属于积极、消极或者是中性。具体实现原理和步骤请参见6.5.1节。情感分析功能模块的具体实现如表7.2–6所示。

"情感分析"模块接口说明（接口名称：情感分析 包：sentimentmodule 类：Sentiment） 表7.2–6

方法	输入参数		返回结果	
	类型	说明	类型	说明
sentimentAnalysis	String	文档集合	List<PolaValue>	情感分析列表，列表每个元素记录对应文档的正负极性值
	String	结果输出目录		
sentimentAnalysis方法重载	String	分词后文档	类 PolaValue	PolaValue 包含三个参数：整体极性值，正向值，负向值

2. 观点挖掘

观点挖掘的任务是从一段话中提取出评价组合，其中评价组合是由评价对象以及其对应的评价词构成的二元组<评价对象，评价词>，具体挖掘原理请参见6.5.2节。表7.2–7给出了观点挖掘模块具体实现方法。

"观点挖掘"模块接口说明（接口名称：观点挖掘 包：opinionmodule 类：Opinion） 表7.2–7

方法	输入参数		返回结果	
	类型	说明	类型	说明
mineOpinion	String	文档集合	观点挖掘文件目录	目录包含文件： 1. 评价组合.txt（评价对象及其评价词列表） 2. 极性排序结果.txt（将评价对象按照评价得分降序排列）
	String	结果输出目录		

7.2.3.3　信息抽取

社交媒体信息抽取实现对文本数据的结构化提取，系统基于GATE框架实现基于本体的信息抽取，具体实现方法示例参见6.6.2节。表7.2-8给出了观点挖掘模块通用接口和方法。

"信息抽取"模块接口说明

（接口名称：信息抽取　包：localgate）　　　表7.2-8

类	方法	输入参数		返回结果	
		类型	说明	类型	说明
Gazetteers	loadUserList	String…	用户词典列表	True /False	显示用户词典载入是否成功
Copora	loadCorpora	String	语料集路径名	Corpus	GATE 中语料集
Annotations	annotate	Corpus	待标注语料集	Corpus	标注后的语料集
Transducers	transduce	Corpus	语料集	Corpus	标注完成抽取信息的语料集
		String	Jape 文件路径		

第8章 城市心情地图系统

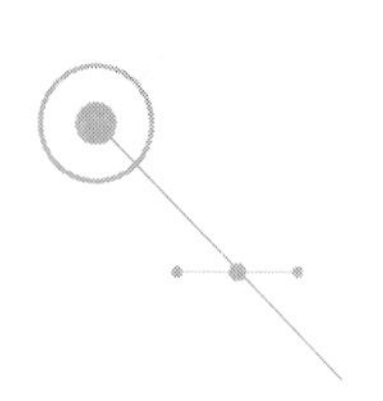

与第7章语义计算应用系统面向熟悉语义计算的技术人员、提供全面的语义计算软件框架有所不同，本章介绍的城市心情地图系统面向规划设计专业人员，主要围绕着语义计算中的情感分析应用来组织数据、功能和界面，适合规划设计人员以欲研究的地点为对象，通过普通社会公众的言论快速了解关于该地点规划实施和城市建设的情况的反馈，并帮助发现和定位具体的问题。同时，由于规划业务具有很强空间特征，城市心情地图系统也将地理信息系统关于空间数据的管理和可视化功能加以集成，以便更好地将非空间类型的语料数据与空间数据融合在一起。

8.1 系统建设目标

城市心情地图系统是基于城市规划社会感知知识库和给定的规划研究感兴趣地点名称列表，获取语料数据库中与地名名称相关的微博、论坛、帖子和数字新闻等内容，并对内容的情感极性进行计算分析，根据结果赋予地点的情感极性以及情感的时序变化。计算分析结果可以帮助规划师了解市民对感兴趣地点与城市规划实施相关的正面或负面总体主观感受，并进一步查找和分析其中的缘由。

在具体功能上，城市心情地图系统主要实现以下内容：

· 实现微博内容、论坛帖子等的情感分析；
· 实现微博与论坛帖子等的地名抽取；
· 实现微博、论坛帖子等的文本分类；
· 实现微博、论坛帖子的关注度分析；
· 辅助实现基于地点的情感分析和规划问题探索发现；
· 社会感知结果可以Excel文件方式输出；
· 关于地点的社会感知结果空间可视化。

8.2 系统建设方案

8.2.1 总体架构设计

城市心情地图系统依托于语料数据资源和语义计算技术，尤其是情感分析技术，实现基于位置信息的城市心情感知服务。系统接受规划工作中欲分析感知地名列表的输入，通过语义计算，最后以Excel表格形式输出这些感兴趣地点的情感极性，可以按照时间进行情感极性的序列输出，帮助规划师随时间持续跟踪地点的情感变化。

城市心情地图系统的总体架构如图8.2–1所示。与目前的相关研究方法相比，该总体架构更加注重知识库中面向城市规划应用的语义知识规则的建立和扩展的情感词典，并开发了特殊的语义分析模块。

该框架中的基础数据库包括由来自于数字新闻、微博、博客、论坛和其他来源的社交媒体内容构成的语料库，以及由空间信息、属性信息、通用中文词汇和通用情感词汇等数据构成的辅助数据库。语料库和辅助数据库中内容的结合，有助于实现基本语义计算和信息挖掘，建立空间数据和非空间数据之间的关联，以及语义分析结果的空间表达。

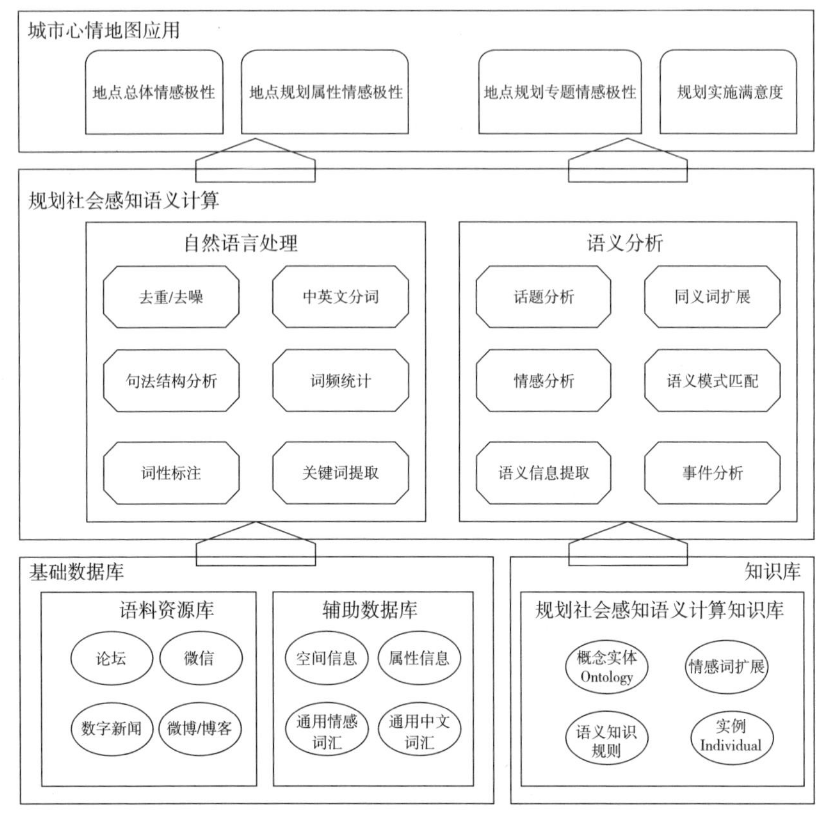

图8.2-1　城市心情地图系统总体架构

知识库包括抽象出的规划概念实体（Ontology）及它们的实例个体（Individual），用于对城市规划中常见的研究对象进行标准化描述。情感词扩展是根据城市规划研究对象的常见的正面或负面评价词汇，而对基础数据库中通用情感词汇进行的扩展。语义知识规则是由城市规划的研究对象及其常用的褒贬评价词组合形成的城市规划领域评价知识规则，为语义计算提供规划领域知识背景。

语义计算包括自然语言处理和语义分析两部分。自然语言处理包括去噪、中英文分词、句法结构分析、词性标注和关键词提取等过程。语义计算包括情感分析、话题分析、同义词扩展、语义模式匹配等模块。其中，语义模式匹配模块根据知识库中的语义知识规则，帮助提取语料中匹配的评价对象及其评价情感词。同义词扩展模块对语义知识规则中例举说明的评价情感词汇进行同义词扩展，以适应复杂多样的语言环境，保障相关语义信息得到更加全面和准确地提取。

基于该技术框架，在基本数据库和知识库的基础上，利用由自然语言处理和语义分析功能集合构成的社会感知语义计算模块，城市规划师可以积极地感知社会环境。

8.2.2 技术实现方法

8.2.2.1 技术流程

城市心情地图的主要技术流程如图8.2–2所示。从互联网或社交媒体中获得与规划研究内容相关的语料并导入系统后，首先要完成数据清洗，将原始语料中的重复内容（如转发、转载等）、网址链接、转发提示符号、表情符号等加以过滤，净化得到具有实质性内容的语料。然后，城市心情地图系统对语料进行中英文分词、词性标注和句法结构分析，准确地得到各个词汇在自然语言表达中的语法特征，为进一步分析其语境和含义奠定基础。其次，城市心情地图系统根据来自基础数据库中的中文词汇库和语义知识规则中的评价情感词汇集合，利用同义词扩展技术对基础数据库中的通用情感词库进行扩展，形成面向城市规划行业的情感词库。接着，系统在上一步形成的扩展情感词库基础上，再次利用语义知识规则，以其中关于规划主题、话题、属性等内容的知识本体为标的，结合知识库中涉及地点本体实例和基础数据库中的地名库，对语料内容进行地点名称、规划主题、规划话题、规划属性以及评价情感词汇的标注，并与知识库中的语义知识规则进行匹配，从而提炼出与语义知识规则高度相关、具有实际规划含义的内容。最后，系统将从语料中产生的语义感知结果利用GIS技术进行空间化表达，并制成专题图形式，用于相关的规划项目中。

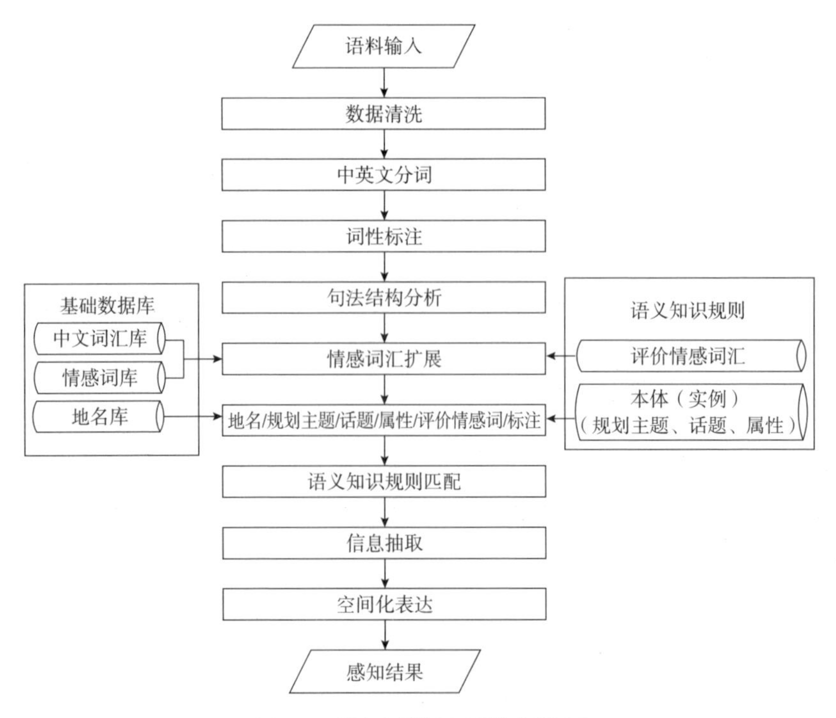

图8.2-2 城市心情地图系统技术流程图

8.2.2.2 数据采集和清洗

数据采集是根据具体规划应用研究或关注的城市地点名称列表，提取与地点名称相关的微博、数字新闻、微信公众号文章、论坛、贴吧等内容，并用不同字段标记存放于数据库中。

例如，在北京清河街道办社区治理规划项目中，需要了解市民对清河街道办内规划实施现状的相关情绪和主要问题所在，制作关于清河社区的城市心情地图。这首先需要整理汇总清河社区空间范围的重要地点名称。这些地点包括了位于清河街道办的社区名称、城市道路、学校及科研机构、公共服务设施等。重要地点名称汇总结果如下：

社区名称：领秀硅谷、安宁里社区、朱房社区、四街社区、华府树家园、清河毛纺路16号院、北京清河毛纺织厂花园、强佑清河新城、毛纺路39号院、安宁庄东路30号院、小营西路25号院、清河消防局宿舍、合景映月台、上地会馆、上第MOMA、上林溪、安宁庄北里8号、安宁庄东路2号院、安宁庄后街13号院、清河东方家园、安宁庄路5号院、安宁庄路11号院、润中苑等大中型住宅小区。

城市道路：京藏高速、小营西路、上清桥、毛纺路、西二旗北路、龙域西一路、龙域西二路、龙域中路、龙域环路、安宁庄路、安宁庄东路、安宁庄前街等。

学校及科研机构：北京外国语附属中学、西二旗小学、育鹰小学、地壳应力学研究所、清华同衡规划设计研究院、花径美德幼稚园、北京市供电局技校、中央财经大学分部、海淀区第二实验小学、巨人学校清上园教学点、北京市第二十中学、北京城市学院培训中心、清河中学、清河第一小学、清一小分校、海淀区新希望实验小学、北京信息科技大学清河小营校区、小米科技园等。

公共服务设施：西二旗消防中队、西二旗益民市场、93462部队医院、北京园林局古建队、西三旗建材城、泰山饭店、北方丝绸厂、北京陶瓷厂、清河农副产品交易市场、清河派出所、清河百货商场、北京市社会福利院医院、北京市儿童福利院、清河清真寺、五彩城购物中心、建金商厦、清泽酒店、京北医院等。商场和办公大厦包括泰鑫源商厦、蓝岛金隅大厦、金泰富地大厦、金山软件大厦、清河大厦、金领时代大厦、清河百信商厦、清河翠微大厦、汇智大厦等。

根据上述汇总的不同类别清河地点名称列表，以之为搜索词，从微博、数字新闻、微信公众号文章、论坛、贴吧等数据源中获取与之相关的语料数据集合，并对其进行数据清洗，将中文标点符号、英文标点符号、全半角符号、表情符号、停用词、重复转发转载内容等加以过滤。

8.2.2.3 数据分析及存储

在获取和清洗与地点相关语料信息后，需要针对每条数据进行情感分析，分析的维度可以包括生活便利度、社区环境、步行环境等规划分析研究视角。这些分析维度需要分别建立对应的知识规则（建立方法见 5.3.2.1节），并存储在语义知识规则库中。这里以生活便利度分析为例，其知识规则集见表8.2–1。

生活便利度分析知识规则内容示例　　表8.2–1

Topic	Theme	Property	Good	Bad
商业	商店、商场、百货商场、购物中心	排队	有序	拥挤、队长
	超市	物品	丰富	缺乏、匮乏
	集市	秩序	良好	混乱、乱糟糟
	便利店	购买、购物	愉悦	不新鲜、腐烂
	店面	服务	优质	差、差评
	菜市场、农贸市场	价格	合适、正常	贵、离谱
		质量	好、保证	差、低、低劣
		环境	明亮、敞亮、宽敞、干净、繁华、宜人	脏、不干净、冷清
		数量	够、充足、均等	少、不够
		分布	均匀	不等、不均
		人气	旺、火	冷清、惨淡
医疗	预约、挂号、专家号	排队	易、容易、便捷、便利、快	慢、难、人多、队长、插队、号贩子
	就诊、看病、就医		容易、快、有序、良好、就近	难、不便、远
	养老	供需矛盾	小、不明显、均衡、平衡	大、明显、失衡、不平衡

续表

Topic	Theme	Property	Good	Bad
医疗	人均床位	价格	合适、正常	贵、离谱
	人均医生数	效率	高	低、不足
	体育场馆	设备、设施、使用、配套	先进、多、完善、完备	缺乏、匮乏、供需错位、不足
	无障碍设施			
	社区医院、综合医院、三甲医院			
	药店			
生活	吃喝玩乐	活动	应有尽有、多样、选择多	不便、不方便、没地方、单调
	餐饮、餐馆、小吃			
	休闲	数量	密集、多	不足、单调
	娱乐	项目	小资、丰富、有情调	单调
	气息		浓郁、包容、宽容	灰暗、单调
	功能、城市功能		完善	单一
	居住区、小区、生活区	空间、公共空间	开放、连通、多样	混杂、凌乱、乱糟糟
	生活成本、生活开销		低、正常	高、奇高
	美容美发			
	维修护理			
	家政、家政服务		齐全	不足、没有
	电影院、影剧院			
交通	出行		方便、快捷	不便
	公交车（站）		近	远
	地铁、地铁站点、轻轨		方便、快捷、近	
		乘车	快、不等	拥挤、难、等待时间长、间隔时间长

续表

Topic	Theme	Property	Good	Bad
教育	幼儿园	入托、入园	就近、家门口、公平	难、远、歧视
	小学	幼入小	就近、家门口、公平	难、远、歧视
	中学	小升初	就近、家门口、公平	难、远、歧视

语料数据标记处理分析工作需要将信息的标题和正文字段进行模板匹配，将值标记至对应字段中。标记字段和模板要求整理如表8.2–2所示。

语料标记字段和知识规则的对应关系　　表8.2–2

标记字段	标记值	标记内容	知识规则	备注
Ir_place	地名	地名标记，如清河社区，安宁庄小区等	地名实例	
Ir_topic	Topic	商业、医疗、生活等	话题	
Ir_theme	Theme	商店、菜市场、社区医院等	专题	
Ir_property	Property	服务、价格、数量等	属性关键词	
IR_BB_RESULT_CHAR	极性	积极 / 消极	情感极性	

城市心情地图系统依据知识规则对具体语料信息进行情感分析，分别标记每条信息中提到的地点、出现的话题、涉及的主题以及属性，对应评判褒贬（good/bad）的评判标准，多维度综合分析，对每条信息作出情感判断。分析规则匹配配置格式为“组合==>实体1，实体2，关系；”；组合即为泛化后的句子，“实体1，实体2，关系”统称为结果。例如，“theme-Business_service+BAD_business==>1，–1，–2；”中，“theme-Business_service+BAD_business”为组合，结果中第一位1代表实体theme-Business_service的位置，第二位–1代表该位置为空，第三位表示一个关系，如果第三位为正值，则意义同第一位，表示某实体的位置，如果为负值，则表示褒贬关系，–1表示褒义，–2表示贬义。知识

规则维护界面如图8.2-3所示，知识规则维护的实例如图8.2-4所示。

数据解析完成后，需要建立数据库来存储城市心情地图已解析的语料数据，并利用数据库的管理应用能力支持全文搜索、结构化搜索以及近实时分析。

微博和数字新闻是城市心情地图系统最主要的语料来源，考虑到它

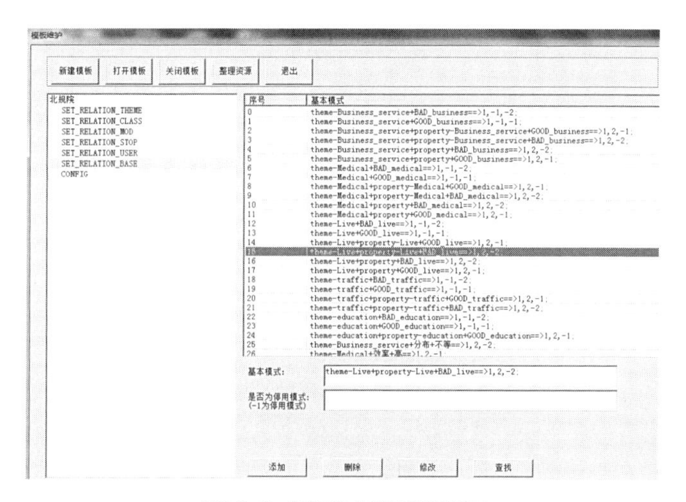

图8.2-3　知识模式维护模板界面

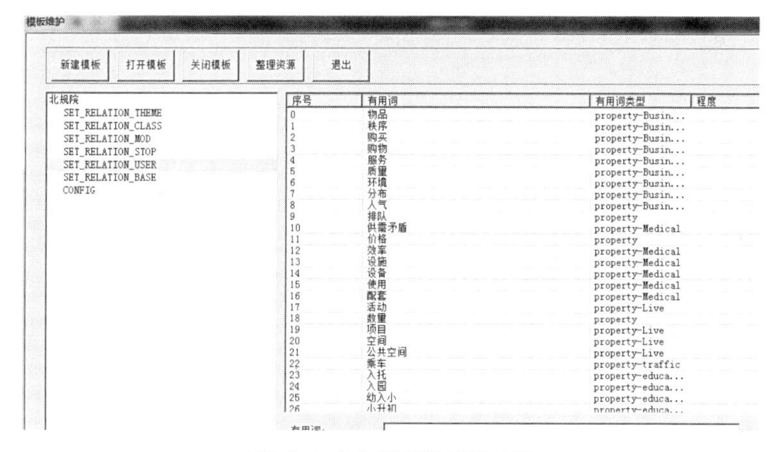

图8.2-4　知识模式维护模板实例

们在数据结构上相异，系统在建设时将两类数据分别存放在不同的数据表中。表8.2–3为微博数据结构的说明，表8.2–4为新闻数据结构的说明。

微博数据结构说明　　表8.2–3

序号	字段名	字段类型	字段内容	字段属性	备注
1	IR_BB_RESULT_CHAR	CHAR	褒贬结果		
2	IR_CREATED_AT	DATE	发布时间	列存储 分类存储	
3	IR_CREATED_DATE	DATE	发布日期 （年.月.日）	列存储 分类存储	
4	IR_GROUPNAME	CHAR	分组名称	分类存储	未启用该字段
5	IR_SCREEN_NAME	CHAR	用户昵称	针对大量值 分类存储	
6	IR_SID	CHAR			未启用该字段
7	IR_SITENAME	CHAR	网站名称	分类存储	比如新浪 / 腾讯
8	IR_STATUS_CONTENT	PHRASE	微博正文	缺省检索	
9	IR_UID	CHAR	用户 ID	针对大量值 分类存储	
10	IR_URLNAME	CHAR	微博地址		
11	Ir_place	CHAR	地名	地名标记，如清河社区，安宁庄小区等	地名模板
12	Ir_topic	CHAR	专题	安全性 / 舒适性等	专题模板
13	Ir_theme	CHAR	theme	标记 theme	Theme 模板
14	Ir_property	CHAR	property	标记 property	property 关键词
15	Ir_jixing	CHAR	极性 2	积极 / 消极	定制模式

数字新闻数据结构说明　　表8.2-4

序号	字段名	字段类型	字段内容	字段属性	备注
1	IR_AUTHORS	CHAR	文章作者；微信中文章的真实作者	列存储 允许多值 分类存储 针对大量值	
2	IR_BBSNUM	NUMBER	帖子楼层，针对论坛数据，0 表示主贴，1，2……代表回帖楼层数		针对论坛数据，0 表示主贴，1，2……代表回帖楼层数
3	IR_CHANNEL	CHAR	栏目名称；微信中的公众号昵称		
4	IR_CONTENT	DOCUMENT	正文		缺省检索字段
5	IR_GROUPNAME	CHAR	分组名		
6	IR_HKEY	CHAR	URL 编号		根据网址生成唯一编号
7	IR_KEYWORDS	PHRASE	关键词		
8	IR_SID	CHAR	数据唯一值		
9	IR_SITENAME	CHAR	网站名称		
10	IR_URLDATE	DATE	发布日期		
11	IR_URLTIME	DATE	发布时间		
12	IR_APPRAISE	CHAR	褒贬分析		有为空的情况是这部分数据没有做褒贬分析处理
13	IR_URLTITLE	PHRASE	标题		文章标题
14	IR_URLNAME	PHRASE	网页地址		
15	Ir_place	CHAR	地名	地名标记，如清河社区，安宁庄小区等	地名模板
16	Ir_topic	CHAR	专题	安全性 / 舒适性等	专题模板
17	Ir_theme	CHAR	theme	标记 theme	Theme 模板

续表

序号	字段名	字段类型	字段内容	字段属性	备注
18	lr_property	CHAR	property	标记 property	property 关键词
19	lr_jixing	CHAR	极性 2	积极 / 消极	定制模式

8.2.2.4 感知结果输出

为了便于将情感分析应用在类型不同、需求不同的规划设计和城市研究工作中，城市心情地图系统设计三种情感极性的输出模式，在分析内容、输出结果和规划内容的适应性等方面存在着差异。

模式1：用于感知地点总体情感极性的模式

在该模式下，输出结果是对涉及地点的所有语料进行一般意义语义情感分析的总体性描述，帮助规划师快速得到研究地点的概要性信息，如关于该地点的社会整体情感认知是正面还是负面的，每种情感极性下，涉及的主要内容是怎样的。该模式的输入为地点，根据文本匹配或实体抽取，将含有每个地点的相关微博、数字新闻等语料聚合在一起，然后基于聚合后的内容进行一般意义的情感分析。模式1输出结果的表结构如表8.2-5所示。

模式1输出表结构 表8.2-5

编号	字段名称	字段说明
1	地点名称	情感极性分析对象
2	情感极性	情感极性分析结果
3	总频率	关于地点的情感评价在语料中出现的总次数
4	聚合内容	关于地点所有语料内容的汇总集合
5	聚合关键词	从关于地点所有语料内容的汇总集合中提取的关键词
6	正面频率	在关于地点的语料中，正面情感词汇出现的次数
7	正面内容聚合	在关于地点的语料中，正面情感内容的汇总集合
8	正面内容关键词	从正面情感内容的汇总集合中提取的关键词

续表

编号	字段名称	字段说明
9	负面频率	在关于地点的语料中，负面情感词汇出现的次数
10	负面内容聚合	在关于地点的语料中，负面情感内容的汇总集合
11	负面内容关键词	从负面情感内容的汇总集合中提取的关键词

模式2：用于感知地点规划属性情感极性的模式

在该模式下，输出结果是对涉及地点的、与规划内容相关的语料进行规划属性语义情感分析的描述。这里的规划详细属性内容包括了不同规划专题下的规划主题和具体属性，如“社区安全性”专题下的“交通事故”主题以及“频率”属性。这样的分析模式，可以帮助规划师快速得到研究地点关于细致粒度的规划分析方面总体信息，即在该规划属性（property）方面的社会整体情感认知是正面还是负面的，涉及的主要内容是怎样的。模式2按照规划属性进行极性统计分析、内容聚合和关键词提取，关键词的生成个数可以作为参数调整。模式2适用于社区层面、详细规划方面的规划分析，输出结果的表结构如表8.2-6所示。

模式2输出表结构　　表8.2-6

编号	字段名称	字段说明
1	地点名称	情感极性分析对象
2	规划专题	情感极性分析的规划专题内容
3	规划主题	在某一规划专题内容下的情感极性分析的主题内容
4	属性	在规划主题下的情感极性分析的具体属性内容
5	情感极性	对某地点的特定规划专题、规划主题和具体属性做情感分析得到的总体极性
6	聚合内容	对某地点特定规划专题、规划主题和具体属性的某一极性下所有语料内容做的汇总集合
7	关键词	对某地点特定规划专题、规划主题和具体属性的某一极性下所有语料内容做关键词提取后的结果

模式3：用于感知地点规划专题情感极性的模式

在该模式下，输出结果是对涉及地点的、与规划内容相关的语料进行规划专题语义情感分析的汇总描述。与模式2不同，这里的规划内容仅涉及规划专题，输出的结果是对与该专题相关语料极性的汇总。尽管不再涉及专题下的规划主题和属性，但是与专题相关的语料内容，是按照5.3.2节的规划社会感知语义知识规则来进行语料抽取的。这样的分析模式，可以帮助规划设计人员快速地得到研究地点关于某一规划主题方面的极性汇总信息，即在该规划主题方面的社会整体情感认知是正面还是负面的，涉及的主要内容是怎样的。该模式需先根据地名进行语料内容的聚合，然后再进行知识规则匹配分析，形成关于该地点的、分专题的情感分析，最后按照专题（theme）进行情感汇总极性，并进行内容聚合和关键词抽取。模式3适用于区域层面、总体规划的规划分析，其输出结果的表结构如表8.2-7所示。

模式3输出结构　　表8.2-7

编号	字段名称	字段说明
1	地点名称	情感极性分析对象
2	规划专题	情感极性分析的规划专题内容
3	情感极性	对规划专题内容情感极性分析的结果
4	总频率	关于地点专题的情感评价在语料中出现的总次数
5	聚合内容	关于地点专题所有语料内容的汇总集合
6	关键词	从关于地点专题所有语料内容的汇总集合中提取的关键词
7	正面频率	在关于地点专题的语料中，正面情感词汇出现的次数
8	正面内容聚合	在关于地点专题的语料中，正面情感内容的汇总集合
9	正面内容关键词	从正面情感内容的汇总集合中提取的关键词
10	负面频率	在关于地点专题的语料中，负面情感词汇出现的次数
11	负面内容聚合	在关于地点专题的语料中，负面情感内容的汇总集合
12	负面内容关键词	从负面情感内容的汇总集合中提取的关键词

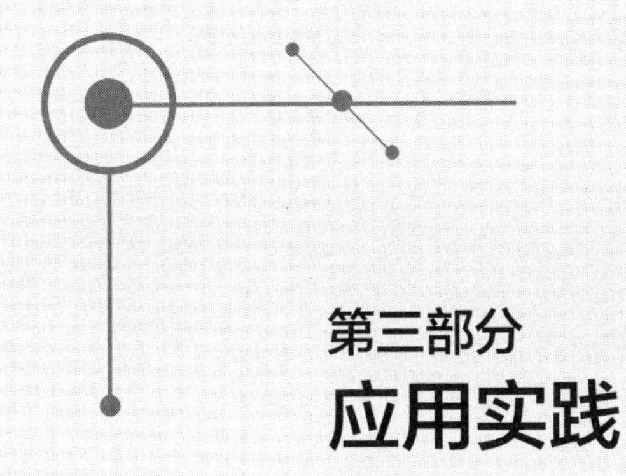

第三部分
应用实践

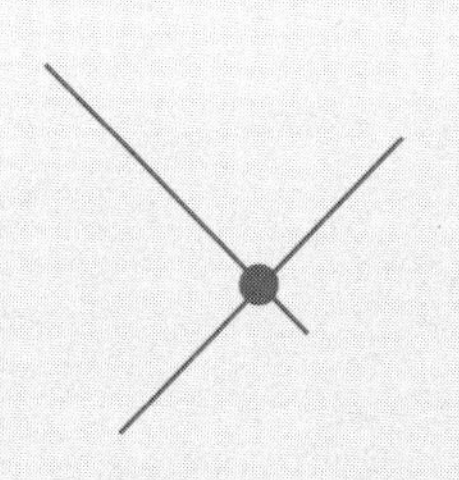

基于语义计算的城市规划社会感知研究目的是为了在具体规划工作中，从数据、技术、功能和应用四个方面给规划分析和决策提供不同于以往的支持能力。本书提出的理论框架思考和开展的关键技术研究是否合理、可行和有价值，需要结合不同类型的规划任务进行实际检验证实，并在实践中修改完善。

城市规划社会感知可以分为针对城市精英或规划精英感知的规划行业感知，以及面向社会公众和普通市民的规划社会感知，二者不仅是概念上狭义和广义的区别，也在感知目的、感知对象和感知内容上有其各自的特点。因此，本章从规划行业感知和规划社会感知两个大的分类出发，选取了七个实际案例介绍语义计算和规划社会感知在城市研究和规划工作中的应用情况，一方面是验证了本书内容的可操作性，另一方面，也是和读者共同探讨和启发可能的应用场景，希望能从满足规划工作需求的视角，未来进一步牵引相关工作走向深入，发挥出更大的价值。

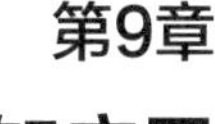

第9章 规划行业社会感知应用

9.1 设立雄安新区热点分析

2017年4月1日，中共中央和国务院决定设立雄安新区的消息经新华社发布后，一时间成为全国瞩目的“热点”。尽管当时正处在清明小长假期间，微博、微信、网页新闻等自媒体和数字媒体纷纷聚焦于此，展开热议。本节选择2017年4月1日至4月7日一周中标题含有“雄安新区”一词的微信公众号文章语料作为研究对象，利用城市规划社会感知语义计算知识库以及文本挖掘和语义计算技术对其进行分析。鉴于微信公众号文章大都是由专业记者、研究人员和技术人员撰写发表，因此这样分析可以探究这一重大事件公布后城市精英或规划精英在第一时间反应和解读，了解关注热点和主要观点都集中于哪些方面，为后续的雄安地区规划和建设发展提供参考依据。

通过关键词提取、话题分析、主题词聚类等技术方法对语料进行分析挖掘，并将结果对照新华社原稿和部分公众号文章，发现城市精英和规划精英对雄安新区的讨论话题主要集中在背景意义、定位发展、经济产业、房地产等方面。同时，基于地名的词频统计，在一定程度上反映出雄安新区与周边地点的空间关联关系和密切程度。

1. 设立雄安新区的背景与意义

从话题主题词聚类结果（如图9.1-1所示）来看，“中国、国家、党中央、政治、历史、千年大计、战略、深圳特区、浦东新区、意义”等词汇说明了设立“雄安新区”被认为是党中央和国务院的一项重大决策，是具有国家意义的一个新区，堪比之前国家创立深圳特区和浦东新区的战略，具有重大历史意义。而“北京、京津冀、城市群、规划建设、创新驱动、协同发展、模式、优化”等词汇的出现，则说明设立雄安新区与京津冀协同发展议题密切相关。雄安新区是为配合首都北京的规划建设和发展而设立，对于疏解北京非首都功能、促进京津冀区域整体空间的优化和发展、解决目前快速城镇化进程中大城市由于过度积聚产生的城市问题，以创新驱动提供地区成长的新动力等具有重大现实意义。此外，“改革、时代、中国经济、实体经济、泡沫、体制改革、引领”等词汇则表明，在当前我国改革事业处于一个关键阶段，经济发展下行压力大，供给侧结构改革迫切需要深化的大背景下，设立雄安新区被解读为是推进经济结构调整，开启经济发展新常态另一个改革新阶段的标志，具有改革的象征意义。

图9.1-1 设立雄安新区背景和意义的话题关键词提取和聚类

2. 雄安新区的定位与发展

在关于雄安新区发展定位的话题上，基于话题主题词聚类结果（如图9.1–2所示），“热点”主要体现在三个方面。第一，“功能、定位、首都、首都功能、非首都功能、疏解”等词汇反映出新华社通稿中“重点打造北京非首都功能疏解集中承载地”这句话被高度重视，也是城市和规划精英们在第一时间对雄安新区发展定位的首要认识。第二，对新华社通稿中关于“规划建设雄安新区要突出七个方面的重点任务”的理解主要来自两个方面的视角，一为“产业、绿色、智慧、智慧城市、生态、环境、交通、科技、金融”等词汇展示出的发展目标视角，良好的生态环境、便捷的交通体系、智慧的城市管理、高新科技等产业承载成为人们对新区未来发展的期许；二为“优化、改革、创新驱动、引领、示范区、起步区、模式、保护、文化”等词反映出的发展模式与路径视角，进一步改革体制机制，打破传统思维，以创新来驱动发展的模式被认为是雄安新区应遵循的规划建设道路，重视发展中的内涵和品质成为大家共识。第三，发展定位话题中一些关键词也显露出关于雄安新区建设发展的具体热点话题。如，“铁路、轨道交通、城际铁路、机场、小

图9.1–2　雄安新区定位与发展话题的关键词提取和聚类

时”等，说明了区域交通被认为是雄安新区设立后规划建设的先期重点，是新区发展的物质基础，打造一小时的工作生活圈将给新区积聚人口和产业创造良好条件。

3. 经济与产业

观察与经济和产业类概念相关的主题词（如图9.1–3所示），可以发现热议的焦点主要集中于两个方面。一方面是新区设立对股市的影响，“市场、机会、投资、雄安概念、行情、上涨”等词汇表明大家对新区设立会给经济发展带来正面影响持有信心，是近期股市内较好的操作题材；而“水泥、钢铁、基建、能源、环保、地产”等词汇则体现出新区成立对基础设施建设的需求带动了股民对相关板块的关注，如“冀东水泥、华夏幸福、金隅股份”等基建板块个股名称的出现充分体现出这一特征。另一方面，“白洋淀、旅游、地热田、服装、塑料包装、汽车、设备、水资源、物流”等词则反映出雄安地区现有一些产业也是大家留意的经济内容，关切其在新区未来发展中的作用以及是否调整等。

图9.1–3　关于雄安新区经济和产业话题的关键词提取和聚类

4. 房地产市场

过去的十多年里，我国商品房建设量增长迅速，新房和二手房市场均十分活跃，土地价格和楼市价格均不断攀升，房地产相关动态成为政府和市民尤为敏感的信息。果然，雄安新区设立消息一经公布，从房地产视角的分析和解读也成为一个热点话题。从与房地产话题相关主题词来看（如图9.1–4所示），一方面，雄安新区设立让炒房者对该地区房地产市场的发展和升值产生遐想，认为新区及周边土地价值将受益于新区的设立和发展，如“炒房、房价、房地产、房地产开发、周边、炒房团、抢房”等主题词。另一方面，相关限购政策的发布以及当地政府对中介违法违规行为的打击和管控，也使得大家对限购政策进行认真分析和研读，体会政策背后的含义，如“政策、限购、调控、违规、暂停办理、打击”等主题词，表明将房地产作为区域经济支柱的发展方式在雄安新区规划建设伊始就被画上句号引起极大的关注。

5. 空间影响与联系

为考察雄安新区对其他地点的影响和相互关联程度，基于地名数据

图9.1–4　关于雄安新区房地产话题的关键词提取和聚类

库，对微信公众号文章语料中的地名词频进行了统计和空间可视化表现（如图9.1–5所示）。可以看出，在对雄安新区热议和讨论的过程中，一起被提及的地点主要集中于雄安地区雄县、容城和安新三县周边。其中，具有3000至8000词频数的地点大多位于以北京、天津和保定三个城市为顶点的京津冀三角区的内部及临近周边，而北京、天津、保定三个城市的词频数更是达到20000以上，反映出设立雄安新区更多地被解读为是京津冀协同发展规划理念在空间上的落地。雄安新区位于由北京、天津、保定三市构成的三角形内，临近保定，距离北京、天津距离相近，交通便利，现有开发程度较低。从图中看，雄安新区良好的区位优势，充裕的发展空间被认为具有极好的发展潜力，会给周边以及三角区的整体发展带来驱动，未来可能在河北省中部腹地打造一个新型城市

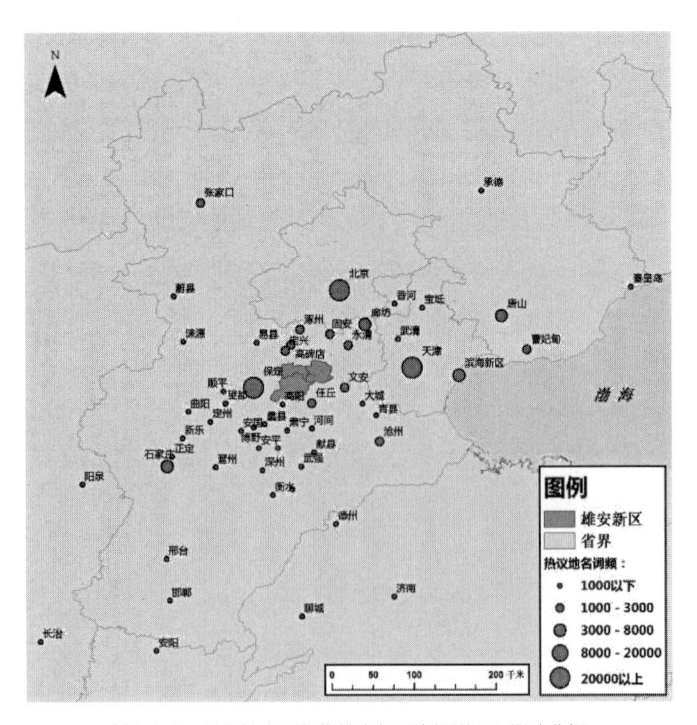

图9.1–5　基于地名词频的雄安新区空间联系和影响分析

群。尽管未来的发展规划和实施路径尚需进一步研究，但从热议和讨论内容中也许已显露出一个初步的城市群轮廓。

总体上，本节基于语义计算技术梳理汇总了设立雄安新区的消息公布之后，微信公众服务平台上的相关文章在第一时间关注热点集中在哪些方面。一时热闹之后，随之而来应是安静理性的沉思。后续，关于雄安新区规划和建设的讨论和研究必将逐步形成有价值的思考和洞见，为从区域和城市规划视角研究雄安新区、北京规划建设以及京津冀区域一体化等工作奠定基础。

9.2　北京总规批复社媒分析

2017年9月27日，新华社和中央电视台报道了中共中央和国务院正式批复《北京城市总体规划（2016年—2035年）》的全文。在党的十九大召开之前，首都未来发展新蓝图得到批复的消息一经发布，迅速引起巨大反响，并在社交媒体上得到广泛传播。本节选择了9月25日至10月27日社交媒体的相关内容作为研究语料，利用语义计算技术对其进行分析，以了解这一重大事件中社交媒体在第一时间的反应和关注热点，为提高后续新版总规的贯彻实施成效提供参考。

本节主要开展两方面的研究。一是回顾了北京新总规获得批复的消息在社媒中的传播概况，二是对微信和微博两种主要社媒载体的相关内容进行了话题分析。

1. 传播概况

图9.2-1显示了在微博、微信公众号文章、网络新闻、论坛和博客这几种主要数字新闻和社媒载体中，涉及北京新总规内容的数量与时间关系。可以看出，新总规发布总共经历了三次热议高峰。第一次是最高

峰，出现在新总规获批消息发布后的前5天，不仅体现出数字新闻媒体在该时间段的集中报道，也反映出它成为社交媒体上的热门话题。其中在9月29日，微信公众号相关文章单日命中数达到了1500篇，而同日微博单日相关博文数量也超过了5000篇。十一长假前后，各种类型媒体在前期事件报道基础上，逐步开始对北京新总规从内容、机遇、影响等方面进行详细深入地解读与剖析，从而引发了第二次热议高峰，并在节后第一天（10月9日）达到了该次波形的峰值。第三次热议高峰出现在十九大召开期间，十九大报告中提到的“实施区域协调发展战略”、十九大北京代表团对新总规的畅谈体会和展望蓝图、新闻中心招待会上国家发展改革委领导介绍雄安新区和北京副中心的建设进展以及环北京东南边的区域规划和北京市整体规划相衔接等内容，再次使得北京新总规成为关注中心，反映出北京城市总体规划是国家战略的重要组成内容，也是国家层面的大事。从图9.2-1中也可看出，除了第一次热议高峰是微博在数量上绝对领先外，微信公众平台上的文章在一个月内一直是相关分析讨论的主力。由于微信公众号文章大都是由专业记者、研究人员和技术人员撰写发表，这也是将本案例归结为规划行业社会感知应用的原因。

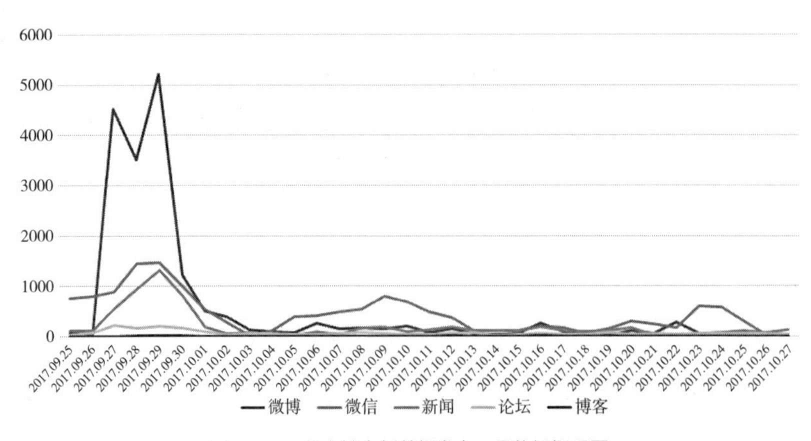

图9.2-1　北京城市新总规发布一月传播概况图

图9.2–2显示的是北京城市新总规批复发布后，转载或转发排名前十位的文章。这些文章主要从新总规的核心要点、内容解析、建设目标、实施部署等方面进行报道和宣传，对事件传播以及社会对新总规的热议起到了推动作用。排在热点文章第一名的是《人民日报》于9月29日发布的《重磅！北京城市总体规划发布，50条干货带你了解20年后的北京》[①]，该文以简洁的框架性文字和直观易懂的专题图形式，将北京新总规要点清晰地展现在社会公众面前，其阅读量早早就突破10万，并被各大媒体及公众号转发达到了335次。

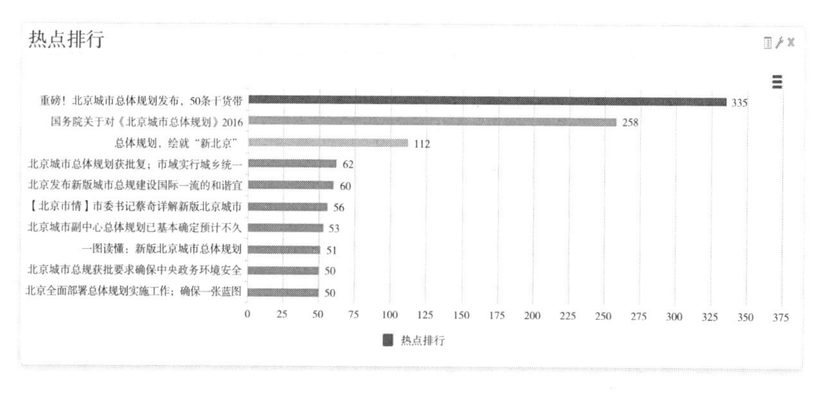

图9.2–2　北京城市新总规批复消息传播热点文章排行

2. 热点话题

伴随智能手机的广泛使用，在当前几种主要社交媒体形式中，微信和微博成为最主要的内容载体。微信公众号文章以风格正式、报道专业、分析深入等特点成为新闻工作者进行新闻报道、城市规划建设与管理者进行政策发布以及专家学者进行研究成果发表的重要渠道。而微博，则以其发布便捷、内容简洁、草根基因等特点成为普通市民表达见

①来源于 http://mp.weixin.qq.com/s/38P_vMJZzL_x24FcUStQcw。

解和意愿的途径。对二者涉及北京新总规的文本内容进行分析和对比，可以看出城市精英和社会大众对于新总规关注的不同重点方面。

1）微信公众号文章分析

通过对近两千篇微信公众号文章的挖掘和分析，可得到如图9.2–3所示的关键词词云图。

图9.2–3　北京城市新总规批复相关微信公众号文章的关键词词云图

进一步对关键词进行聚类分析，并对原始语料进行话题挖掘，可以发现以城市和规划精英为用户主体的微信公众号文章最为关注话题可以大致分为8个方向，如图9.2–4所示。

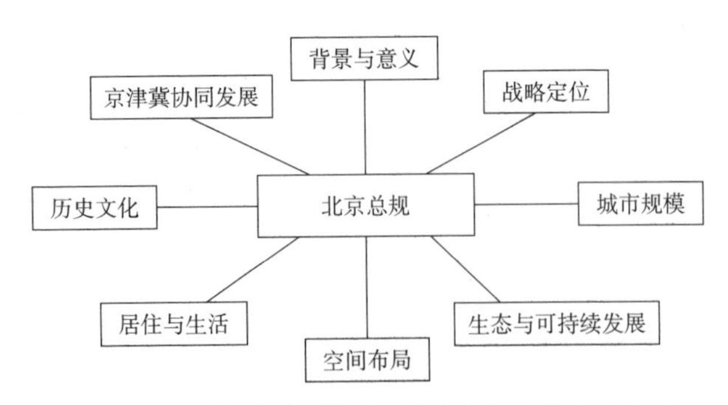

图9.2–4　北京城市新总规批复相关微信公众号文章的热点话题

（1）背景与意义

"首都、高度重视、重要讲话精神、习总书记、顶层设计、重要指示、中共中央、国务院、重大决策部署"等关键词汇显示出此次总规编制过程和重大意义得到高度重视。此次北京城市总体规划是在习总书记亲自指导下编制的，他于2014年和2017年两次对北京市进行考察并做出重要指示，在新总规编制中得到了思考、体现和贯彻。同时，习总书记主持中央政治局会议专题听取北京城市总体规划编制工作的汇报并发表了重要讲话，新总规得到中共中央和国务院的批复，这些均被理解为首都新总规是国家层面城市规划和建设治理的重要示范，应在全国起到表率作用。

（2）战略定位

"国际一流、科技创新中心、首都功能、国际交往中心、全球、超大城市、非首都功能、政治中心、文化中心"等关键词汇集中反映了北京城市整体战略定位和发展目标是大家关注的重点内容，"全国政治中心、文化中心、国际交往中心、科技创新中心"这四个中心所赋予的城市战略定位被视为从城市性质角度宏观回答了习总书记提出的"建设一个什么样首都，怎样建设首都"问题。

（3）城市规模

"常住人口、人口总量、人口总量上限、城市开发边界、减量、严格控制、管控、大城市病、严控、建设用地规模、存量、环境承载力"等关键词汇反映出媒体对因持续快速发展造成城市病困扰的背景下，确定怎样的人口和城市空间规模，如何集约和减量发展相关内容的解读。其中，新总规确定的"2020年北京常住人口要控制在2300万以内，并长期稳定在这一水平。"更是成为焦点。

（4）生态与可持续发展

"留白增绿、空气质量、减排、生态、新能源、绿色、低碳、绿楔、郊野公园、海绵城市、蓝绿交织、生态修复、园林绿化"等关键词汇表明媒体对首都新总规如何落实提高人居环境质量、实现城市可持续发展、开展生态文明建设等相关内容的剖析，总体规划中提到的环境与生态目标、划定的生态空间以及相应的实施举措等成为研议对象。

（5）空间布局

“中心城区、副中心、城六区、资源禀赋、首都功能核心区、临空经济区、空间布局、南部地区、中央政务区、城市结合部、功能区”等关键词汇体现出“一核一主一副，两轴多点一区”等新总规中关于未来北京城市发展新格局的提法，因事关北京城镇体系、功能承载、集聚形式和整体空间布局而备受关注。

（6）居住与生活

不出意外，“公租房、共有产权住房、棚户区改造、房地产、房价、交通、缓解交通拥堵、地铁、租赁房、安置房、商品住房、获得感、交通基础设施、人民群众生活”等词汇出现在众多关键词当中，由此可以看出在住房、交通等更为贴近人民群众日常生活的方面，新总规多次提及的住房保障体系和措施、交通设施完善等内容成为重要议题之一。

（7）历史与文化

“文旅、公共文化服务、历史文脉、文化遗产、皇家园林、文化旅游区、公共文化、文化创意、历史文化街区、文艺、文化魅力、历史、文化自信”等关键词汇说明在首都的文化中心建设中，悠久的历史文化底蕴是一大优势成为共识。对历史文化资源充分保护和利用，对文化创新能力激发和提升，被认为是建设充满人文关怀、人文风采和文化魅力的文化之都的核心内容。

（8）京津冀协同发展

“疏解、雄安新区、京津冀协同发展、廊坊、交界地区、北三县、北京新机场、冰雪运动、环渤海、非首都功能”等关键词凸显出“京津冀协同发展”话题的重要性。同时，它被作为新总规的一个独立篇章来进行论述，使人们认识到新总规不仅是对北京未来发展的规划，更是对区域整体发展的重要指引，是国家战略的重要组成部分。

2）微博内容分析

从前述媒体传播概况图（图9.2–1）中可以看到，微博热议量在新总规发布后的短时间内出现了爆发，其数量远超其他几种类型社媒载体，反映出消息公布伊始，以个人为主体的交流讨论更为热烈。通过对一万八千余条相关微博文本数据的处理，可以形成如图9.2–5所示的关键词词云图。进一步对关键词进行聚类分析，可以看到民众更为关心、涉及微观个体生活和工作的内容明显增多，如“大城市病、机动车指标、北京户口、棚改、房价、住房、就业、环境”等关键词汇，反映出在由城市精英为主要参与者的微信公众号文章中涵盖的城市战略定位、城市规模、城市空间布局等重大发展内容之外，普通市民在由新总规而引发的居住与生活类话题上，讨论更为丰富和深入，话题更加具象。

总体上，新版北京城市总体规划是全面贯彻落实习近平总书记治国理政新理念新思想新战略和两次视察北京重要讲话精神的具体行动。经过三年时间的精心研究、反复论证和科学编制，北京新总规从战略性、全局性角度寻求综合解决大城市病和区域协调发展的途径。批复消息一经正式公布，立即引起全社会的高度关注。本节通过汇总和梳理消息发

图9.2–5　北京城市新总规批复相关微博关键词词云图

布一个月时间的社交媒体传播情况和话题内容，反映出社会各界对于新总规的热烈反应和主要关注热点，充分体现了此次北京城市总体规划意义重大、影响深远。新版总规得到正式批复也意味着其开始步入实施阶段，希望在实施过程中各项蓝图能够通过精细化管理和科学分析评估得到有效落实，以满足社会各界对于城市发展的期待，增强人民群众的获得感。

9.3 规划信息技术应用三十年回顾

自20世纪60年代以来，计算机与现代通信技术的发展、普及和广泛应用，给人类社会带来深刻变革，不仅提供了新的生产方式和技术能力，也给意识观念、产业结构以及企业的组织管理方式等方面带来了深度影响。我国城市规划行业较早地开展了信息技术引进和应用探索。在各地信息技术规划应用实践逐步增多的情况下，城市建设与环境保护部于1987年7月在昆明市召开了“遥感技术、计算机技术在城市规划中应用交流会”，这是中国城市规划界第一次召开信息技术领域的全国性会议（叶文，1988；宋小冬，1997），拉开了信息技术在我国城市规划领域系统引入、消化、吸收和应用实践的序幕。在近30年中，我国信息技术规划应用取得了显著进步和丰硕成果，发挥了信息科技的时代力量，促进了行业发展，为推动规划编制、管理与决策的水平和科学性提供了重要支撑。

当前，我国正处于新型城镇化、城市发展和规划转型的新时期，信息技术也步入以移动互联网、社交网络、云计算、大数据为特征的第三代发展期，表现为网络互联的移动化和泛在化、信息处理的集中化和大数据化、信息服务的智能化和个性化等特点（李国杰，2015）。将三十年来我国规划行业新技术引进和应用历程进行系统梳理和回顾，对于展望未来，思考在新的历史时期如何继续发挥信息技术优势，促进规划转型和创新具有十分重要意义。

1. 发展历程总体回顾

考虑到发表于学术刊物上的论文一般具有严谨和客观反映研究与实践成果的特性，本节以“中国知网”（CNKI，中国国家知识基础设施）为文献检索平台，以主题含有“信息技术”（或“信息化”，或“新技术”）“并含”“城市规划”（或“城乡规划”）为内容检索条件，在中国知网学术期刊、学位论文、国内会议、报纸等数据库中共检索出2781篇相关文献，作为回顾调研的基础资料。以1987年城市建设与环境保护部召开第一次全国新技术在城市规划中应用交流会为标志，划分为1987年前、1987年至1996年、1997至2006年、2007年至2016年四个时间段，各时间段的发表文献数目如图9.3-1所示。可以看出，三十年来信息技术在我国城市规划行业的应用实践得到了快速发展，尤其是近十年的突破性进展。表面上论文文献数量的增长，客观反映了其背后所表征的我国城市规划领域信息技术应用在理论探讨、技术研究、应用实践、专业教

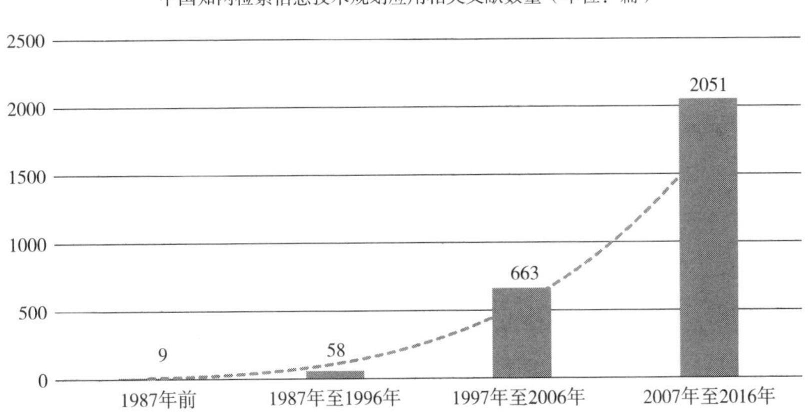

图9.3-1　中国知网中检索30年来我国信息技术规划应用相关文献数量情况

育、人才培养等方面的整体性提高。

在数量统计基础上，进一步地对2781篇搜索结果文献的摘要集合进行文本挖掘和语义计算，提取出四个时间段的关键词汇，以揭示不同时间阶段的主要特征，如图9.3–2所示。图中词汇字体大小反映了其在该阶段中的重要性程度。将关键词汇与一些具体文献结合，可以看出30年来我国信息技术规划应用的总体发展状况。

1）1987年以前

该阶段关键词汇数量较少，主要是“新技术”“新技术革命”“计算机应用”等概念。在此阶段，我国城市规划工作者逐步从美、日等西方先进国家经验中意识到以电子计算机技术为代表的新技术革命可以给城市与社会经济发展带来巨大影响，认为其在城市规划中的应用需受到重视和研究，城市规划行业应以战略眼光迎接挑战，加以审视和应对（孙晓光，1985；石见利胜等，1984；夫见，1985）。

（a）1987年前

（b）1987年至1996年

（c）1997年至2006年

（d）2007年至2016年

图9.3–2　30年来我国信息技术规划应用相关文献摘要的关键词汇提取结果

2）1987年至1996年

该阶段关键词汇较上一阶段显著增多，除了“信息技术”“新技术”“新技术应用”等概念词汇外，也反映出具体的实践内容。如规划业务方面的“总体规划”“控制性详细规划”“区域规划”“城建档案”等；应用技术方面的“遥感技术”“地理信息系统”“CAD”“数据库”等；信息化建设方面的“数字化”“管理信息系统”“地形图”“办公自动化”等。表明在该阶段，我国规划行业一边在理论上继续关注和探讨信息技术对于城市规划的影响，一边着手引入和研究关键信息技术，并在实际规划工作中加以实践探索。该阶段，规划行业在信息化基础建设中投入了较大力量，尤其是在基础地理信息生产、规划编制中CAD制图与表达、规划管理信息系统、规划信息中心的建设方面（徐明根等，1993；汇一，1994；李锦芳，1996）。

3）1997年至2006年

该阶段搜索文献集合中的关键词汇进一步增加，显示出信息技术在理论研究基础上，于规划编制（设计）与规划管理中得到全面的应用，与规划业务的关系更加紧密，不仅有“总体规划”“控制性详细规划”等规划层级，也出现了“公共交通”“地下空间”“地下管线”“空间布局”“空间结构”“生态规划”等专项内容，体现出信息技术应用全面走向规划设计的核心业务。在新技术方面，除“遥感技术”“地理信息系统”“CAD”外，还开始研究“WebGIS”“虚拟现实”“三维GIS”等技术，并应用于“电子政务”“电子报批”“公众参与”等规划管理业务环节。与此同时，诸如“空间数据库”“数据共享”“空间分析”“分析模型”“数据仓库”“统计分析”等词汇的出现，说明数据整合、共享和深度利用成为该阶段的深化课题。信息系统方面，在“管理信息系统”“办公自动化”等规划管理业务系统基础上，“模型库”“决策支持系统”“辅助决策”等词汇的出现，显露出新技术应用为规划提供决策支持已作为研究方向被关注。特别指出的是，1998年美国提出“数字地球”概念并在各国以“数字城市”形式得到响应和实施后，城市规划从业者较早地开始围绕“数字城市规划”开始行业内的探讨（简逢敏，2000；高军等，2006）。

4）2007年至2016年

该阶段搜索文献中的关键词汇更加丰富，信息技术与在规划编制（设计）与规划管理中应用范围进一步拓展，并与新技术不断发展的热点密切相关。这一阶段，出现了“城乡统筹”“城镇化”“低碳城市”“数字城管”等规划业务内容，显示出新技术规划应用紧随规划思想和理念的发展而跟进。信息技术方面，“三维模型”“空间分析”“规划决策”等方面词汇的权重加大，词频增加，表明面向规划的辅助决策在上一十年的基础上得到进一步增强。如同“数字城市”给城市规划行业带来巨大影响，2010年IBM提出的“智慧城市”愿景带来新的牵引，启示行业把握新一轮信息技术变革所带来的巨大机遇，推进城市精细化管理和可持续发展，“智慧规划”“智慧城市规划”等概念应运而生，并在“智慧交通”等领域得到深化研究（毛晶晶，2014；王芙蓉等，2015）。近几年来，“大数据”的发展和应用，不仅给行业带来新技术手段，更给规划行业带来新的思维。我国规划信息化工作者不仅在城市问题研究中尝试运用各种大数据，而且更深刻研讨行业的应对策略（王鹏等，2014；崔真真等，2015；聂晶，2016；席广亮等，2015；党安荣等，2015；吕敏慧等，2015）。

2. 发展特征分析

前述对于相关发表文献的文本挖掘和语义计算，不同时间段文献数量以及关键词汇在词本身和权重上的变化反映出我国信息技术规划应用发展的整体趋势以及不同阶段的特点。

四个时间阶段可以分别被归纳为启蒙期、探索期、建设期和融合期。从开始受到国外先进国家经验的启迪，意识到信息技术的重要作用到在规划编制和管理业务的一些环节中尝试新技术应用，开展甩图板和计算机辅助辅助规划设计、规划办公无纸化和自动化、利用遥感技术研究区域和城市现状等；从基础数据处理、建库与积累的探索到共享、挖掘与深度利用；从计算机统计、分析与模型的摸索研究到决策支持系统的完整实现；从管理信息系统等局部建设尝试到整个规划单位的信息化统筹发展；从初期应用关注软硬件的建设实施到根据规划理念发展和业务工作的需要不断拓展和融合，这四个阶段彼此关联、逐步深化、不断递进，是一个渐进式的发展过程。总体上，信息技术与城市规划联系愈发紧密，在支撑力度上不断迈上新台阶。

该历程一方面符合了信息技术与信息化自身不断发展的趋势，另一方面也适应了我国城市规划由二维、定性、静态、专家审查规划向定性与定量结合、二维和三维联动、动态、公众参与规划的成长进步。因此，该过程是信息技术自身发展与城市规划理念、城市规划编制与管理的需求不断结合的过程。信息技术对于我国城市规划发展起到了有力推动作用，在行业内得到广泛认可（宋小冬，1997；仇保兴，2007；刘荣增，2013）。

这说明，尽管信息技术是提高生产力的有力工具，但如何提高依赖于应用领域需求的牵引。在规划行业，离不开规划信息化工作者通过不断深入思考和开拓实践，在信息技术与城市规划间搭建桥梁，探寻适当的技术支持手段和实施方式。

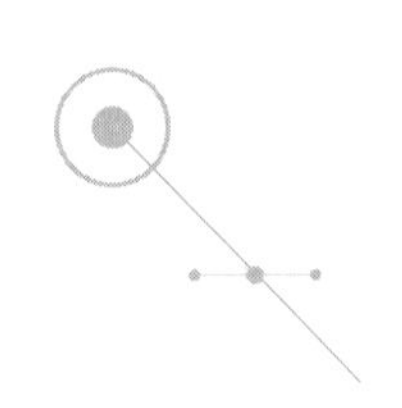

第10章 规划项目社会感知应用

10.1 长辛店老镇复兴规划

长辛店老镇复兴是北京市城市规划设计研究院2015年开展的研究项目。长辛店是北京西南卢沟桥畔的一个千年古镇，距天安门仅19公里，一直是西南方向进京的必经要道。古时这里是一个车马声啸、热闹非凡的交通枢纽，现代更以“二七”大罢工等事件闻名，有许多历史遗迹和文化资源，如寺庙、胡同、遗址、旧址等。但就是因为历史悠久，近些年来一般老城所拥有的问题也很突出，比如环境恶劣、建筑老化、设施陈旧、就业困难、交通不便、历史文化资源在城市化进程中逐步淡化、历史风貌逐步消失等。该项目是致力于让长辛店老镇保留文化特色和历史记忆、实现民生改善和环境美化的公益性项目，希望汇聚社会各方面思想和智慧，共同推动老镇复兴。

本节使用的社交媒体语料数据主要是来自新浪微博、论坛和部分新闻的数据。新浪微博是由新浪网（www.sina.com.cn）推出，提供微型博客服务类的社交网站。用户可以将看到的、听到的、想到的事情写成一句话，或发一张图片，通过电脑或者手机随时随地分享给朋友、一起讨论，具备发布、转发、关注、评论、搜索、私信以及创建微群等功能，不仅给人们随时随地就所见、所思和感兴趣的话题进行交流和互动提供了极大方便，也成为网民参与公共舆论的主要平台。据2015年新浪微博官方发布的第三季度财报显示，截至2015年9月30日，微博月活跃用户数（Monthly Active User，MAU）已经达到2.12亿人，当月的日均活跃用户数（Daily Active User，DAU）达到1亿。庞大的用户量使得微博成为中国最广泛的社交媒体，也成为观察社会动态、了解城市建设和管理中的问题的窗口，以及凝聚社会共识、推动社会治理的桥梁。由于网络论坛同样具有内容多元，实时性和交互性兼具的特点，而且一些地方主题论坛或频道深受区域内网民欢迎，存在大量的交流和互动。因此，在微博语料的基础上，同时使用了来自天涯论坛、强国社区、凯迪社区、百度贴吧等著名中文网络论坛中涉及长辛店地区的贴子作为分析内容。此外，以网络为载体的数字新闻突破了传统的新闻传播概念，具有快速、多面化、多渠道、多媒体、互动等特点，本节也使用了来自凤凰网城市频道、新浪新闻中涉及长辛店的网络数字新闻数据。总体上，分析过程中共使用了8221条微博，3220条论坛发帖以及600条相关网络新闻作为语义计算的语料资源，共计超过320万汉字。

此外，分析过程中也使用了传统GIS数据，包括长辛店地区的地名以及公共服务、教育、医疗、商业、办公、政府机构等专题空间数据，一方面作为语义计算的背景参考知识，另一方面也作为语义计算成果可视化的背景数据。

在语义计算技术上，主要使用了基于关键词的主题发现和情感分析技术，用于获悉社会公众对于长辛店地区的认知、见解和呼声。

为了帮助规划设计人员对长辛店建立起整体印象，了解公众对该地区的关注热点和现状主要问题存在于哪些方面，采用关键词主题发现方法提取了前述语料中的关键词，其词云如图10.1–1所示。通过规划师分析归纳这些关键词，可以发现市民对长辛店地区关注点主要包括拆迁安置、基础设施、交通发展、历史与复兴、生态与环境等方面，反映出千年老镇的现状以及对居民的影响方面。

图10.1-1　长辛店相关语料关键词词云图

在该项目开始时，规划师就主观意识到长辛店老镇由于具有丰富的历史文化资源，其复兴应是一条以文化产业引领的有机更新之路。同样地，采用关键词主题发现方法，基于相关语料形成如图10.1–2所示的词云图。通过对文化主题相关关键词的汇总，能够帮助规划师进一步发现社会公众和专家学者对长辛店地区文化品牌、历史事件、名胜遗产和文化产业等方面的认知和见解。例如“园博会”“民间花会”“花车巡游”等文化品牌，“二七大罢工”“平汉铁路”等历史事件，“卢沟晓月”“大王庙”“镇岗塔”等名胜古迹，“文化创意”“旅游”等文化产业词汇，可以帮助规划师们以此为参考，研究该地区文化产业未来的发展和定位。

图10.1-2　文化主题相关语料关键词词云图

另外，项目使用长辛店地区的GIS空间数据和非空间类型文本语料数据，对该地区17个社区和70多个地点进行了社会公众的情感分析，感知他们对某一地点或地段的褒贬态度，帮助规划师及时发现、准确定位和暴露问题，提高规划工作针对问题、解决问题的能力。长辛店老镇的心情地图如图10.1–3所示。例如，市民对于长辛店火车站地区的总体情绪是积极的，对其历史和文化资源的情感丰沛；而市民对于南关西里社区的感受或评价总体上是消极的，问题主要集中于环境和拆迁两个方面（如图10.1–4所示）。进一步地结合专题空间数据可以发现，关于南关西里社区环境的负面影响主要起因于附近北京滨丰机械制造有限公司，这也给规划师们在GIS中利用缓冲区分析的方法研究城市建设对周边居民影响提供了关于缓冲区距离的设定参考。

可以看出，情感的分析感知可以给规划师提供更多线索，帮助其在现状调查时对所研究地区有一个较全面的认识，进而可以引导PSS开展进一步深入分析。在一定程度上，也可帮助规划师在设计调查问卷时聚焦问题，并提供较丰富的素材。在此应用案例中，基于语义计算的社会感知使得PSS也可以处理分析大量文本类型的非空间数据，通过情感分析建立起空间数据与非空间数据的联系。

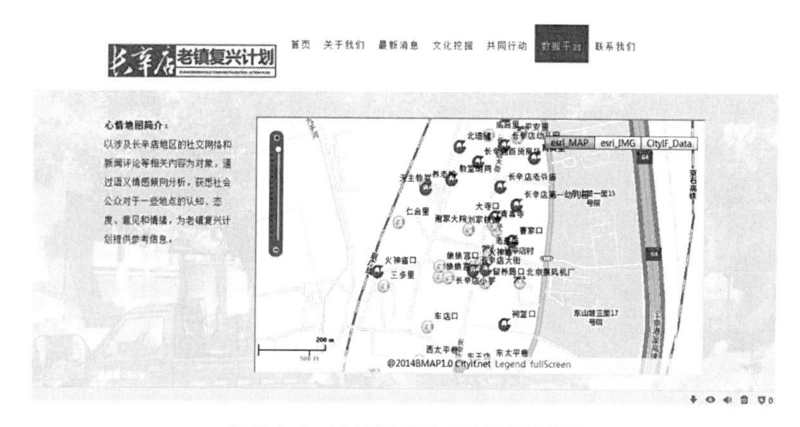

图10.1–3　长辛店老镇心情地图系统界面

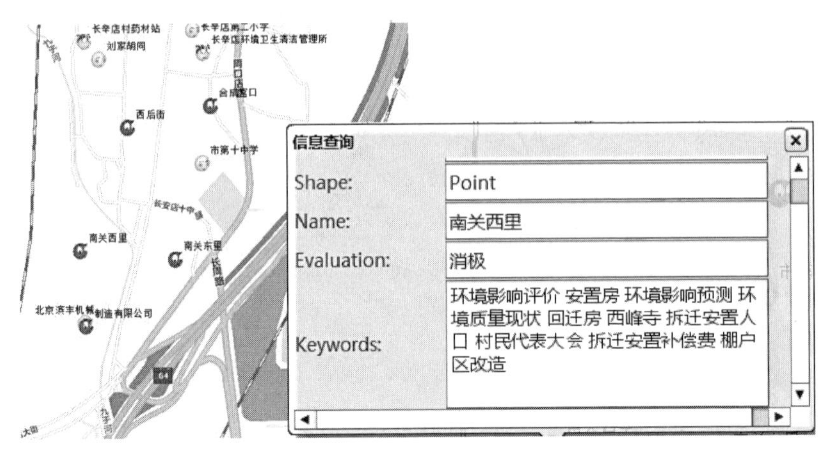

图10.1-4 长辛店南关西里社区心情地图系统界面

10.2 回龙观社区治理规划

回龙观社区治理规划是北京市城市规划设计研究院2016年开展的研究项目。这个社区被称为“亚洲最大的社区”，占地30多平方公里，2015年常住人口达37.1万人，其中户籍人口近7万人，也就是说有约30万外来人口在城市化进程中移居至此。该社区位于城乡接合部，有居住小区38个，人口密集。由于外来人口众多，城市公共设施、公共服务和治安管理存在较大差距。回龙观社区治理规划旨在明确该社区存在的问题和社区建设中的不足，提出有效的对策，提高社区治理水平。

通过对回龙观社区相关的4万余条微博数据和4万余条微信公众号文章进行话题分析、情感分析、信息抽取等语义计算分析（语料内容如表10.2–1所示），最终得到了回龙观社区的市民热点话题、社区周边道路站点的交通状况、小区建设中存在的具体问题等结果，对于回龙观社区治理规划起到了积极作用。

回龙观社区治理规划语义计算语料来源　　表10.2-1

	微博	微信公众号
数据集大小	43925篇（15.5MB）	46300篇（446MB）
发布时间	2013.01.01 — 2016.03.02	2016.01.01 — 2016.07.11
用户数	23507	10541
主要内容	用户名、发布时间、发布地点、正文	媒体名称、发布时间、标题、正文

1. 社区话题分析

首先从涉及回龙观社区的微博数据集中抽取出发布微博数目超过100条的用户作为活跃用户，图10.2-1统计了微博活跃用户的微博发布数。

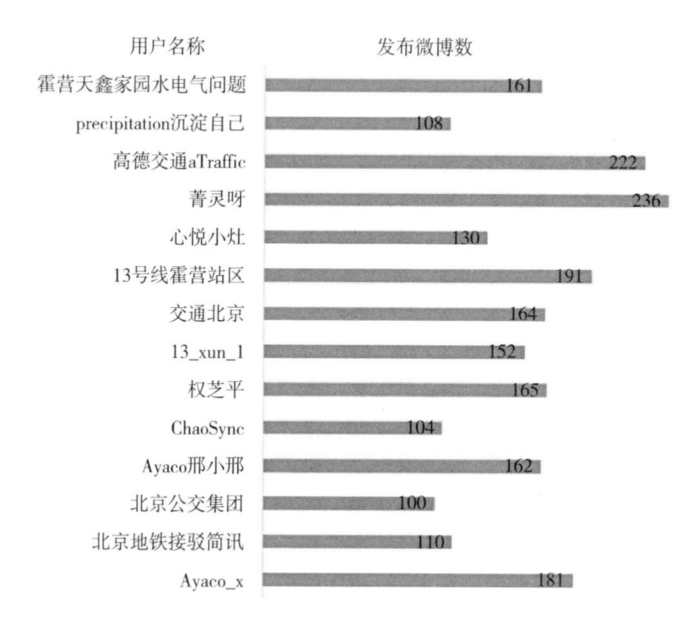

图10.2-1　回龙观社区微博内容活跃用户的微博发布数量

进一步地，对活跃用户发布的2186条微博的内容进行话题分析，表10.2-2示例了部分话题分析的主题词结果。

回龙观相关微博内容话题分析部分结果　　表10.2-2

话题	话题词分布
Topic0	拥堵　缓慢　畅通　北　南　西　反向　行驶　东　机场　京藏高速　清河　收费站　路　清桥
Topic1	林萃路　妈妈　儿子　10月　开心　爸爸　玩　哥哥　6月　住　带　掉　妹妹　1月　跑
Topic2	东　缓慢　西　大街　行驶　畅通　拥堵　五环　安门　回龙观　同成街　文华路　北　桥　广安门内
Topic3	霍营　希望　小区　天鑫家园　市政　街道　居民　昌平　水电气　施工　解决　生活　情况　谢谢　老百姓
Topic4	回龙观　大街　东　地铁站　旅行　道路　加油站　东延路　昌平区　政府　交通　店　黑车　开　竣工
Topic5	广场　乘客　回龙观站　龙泽站　线　霍营站　工作　人员　秩序　早　提示　带来　车站　站台　下行
……	……

通过对表10.2-2示例的话题分析结果总结归纳，可得出关于回龙观社区的话题主要集中于三个方面，如图10.2-2所示。其中“小区建设”和“交通状况”两个话题与城市规划和管理具有密切关系，相关的内容可以给规划工作提供参考。

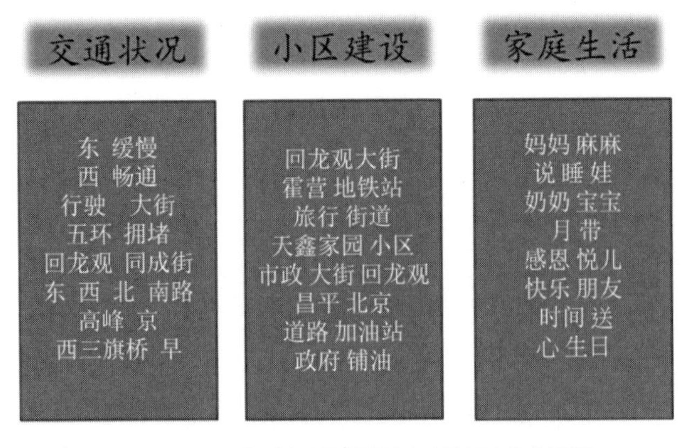

图10.2-2　回龙观社区相关微博内容的三大集中话题

表10.2–3是对小区建设话题下的微博数据进行语义信息抽取得到的部分结果示例。从表中可以看到在2013年至2015三年间，涉及回龙观社区语料中的具体评价规划主题、话题和属性的时间、评价词汇以及具体的地点。这些评价组合反映了社区规划、建设和管理中存在的具体问题，例如关于公共交通中的黑车以及乱停车现象，社区环境中的整体风貌、市政建设中的水电气质量、公共服务中的社区居民生活方便程度等内容，这些信息提高了规划师的社会感知以及查找当前现状问题的能力，为后续采取有针对性的规划改善奠定了基础。

回龙观社区感知语义信息抽取部分结果示例　　表10.2–3

<table>
<tr><th>规划主题</th><th>话题</th><th>属性</th><th>时间</th><th>评价词汇</th><th>地点</th></tr>
<tr><td rowspan="4">市政设施</td><td>供水</td><td>水质</td><td>2013</td><td>较差、差</td><td>天鑫家园</td></tr>
<tr><td>供电</td><td>供应质量</td><td>2015</td><td>不稳定</td><td>天鑫家园</td></tr>
<tr><td>加油站</td><td>有 / 无</td><td>2013</td><td>在建</td><td></td></tr>
<tr><td>道路</td><td>路况</td><td>2013、2014</td><td>破烂，凹凸不平，泥泞，颠簸</td><td>黄平路十字路口，回龙观东大街，东大街延路</td></tr>
<tr><td rowspan="3">公共交通</td><td>信号灯</td><td>管理</td><td>2013、2014</td><td>混乱</td><td>回龙观东大街</td></tr>
<tr><td>城铁</td><td>城铁站</td><td>2013</td><td>无序，混乱，脏</td><td>东大街站</td></tr>
<tr><td>停车</td><td>秩序</td><td>2013</td><td>黑车肆虐，无序</td><td>东大街地铁站</td></tr>
<tr><td rowspan="2">社区环境</td><td rowspan="2">风貌</td><td></td><td>2013</td><td>脏乱差</td><td>天鑫家园</td></tr>
<tr><td></td><td>2014、2015</td><td>差，脏，抛弃感</td><td>霍营社区</td></tr>
<tr><td>公共服务</td><td>便利店，购物中心，超市</td><td>便利度</td><td>2013、2014</td><td>方便，容易</td><td>华联商厦</td></tr>
<tr><td>...</td><td>...</td><td>...</td><td>...</td><td>...</td><td>...</td></tr>
</table>

2. 交通话题信息抽取

在前述社区话题分析中，可以发现回龙观社区及其周边的交通状况是社会公众关心的一个主要话题。在实际日常生活中，关于回龙观社区交通拥堵的社会意见也确实较大。项目因此进一步地采用6.6.2节的信息抽取技术，对该话题下的内容进行深度挖掘，以获取该地区交通现状情况。项目以该区域主要道路作为感知对象，对道路是否拥堵进行语义计算，得到市民在社交媒体中谈及的交通拥堵分布情况，并结合GIS空间数据得到空间可视化结果，如图10.2-3（a）所示。图中，道路交通状况一般采用黄色表示，畅通道路采用绿色表示，移动缓慢采用浅红色表示，道路拥堵则采用暗红色表示。将该语义计算感知结果与高德导航地图播报的实时路况（2016年10月19日上午8:56路况，如图10.2-3（b））进行比较，可以发现二者对该地区三条南北方向道路的拥堵认知是一致的。可以看出，语义计算提供了更多的道路拥堵线索，值得规划师们做进一步的现场调研和核实。同时，市民对于道路拥堵的体会和认知与导航地图播报间存在着一些差异，这或许与导航地图的算法或阈值设定有关，这也在一定程度上反映出只有将定量分析和定性分析相结合，才能得到更为准确、详尽的现状信息。

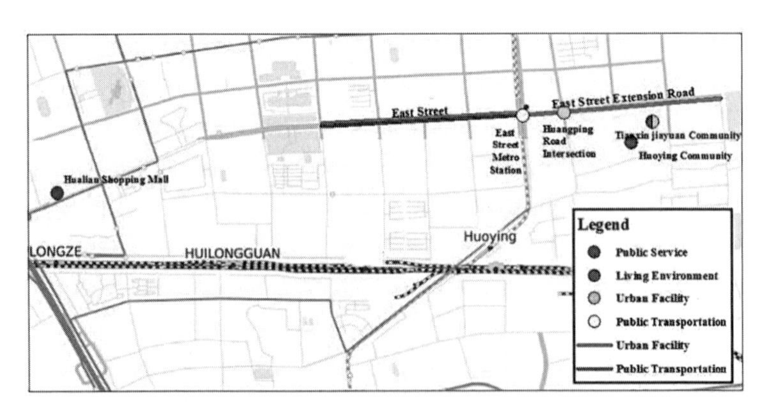

图10.2-3（a） 回龙观社区路况语义计算社会感知结果示例的空间可视化

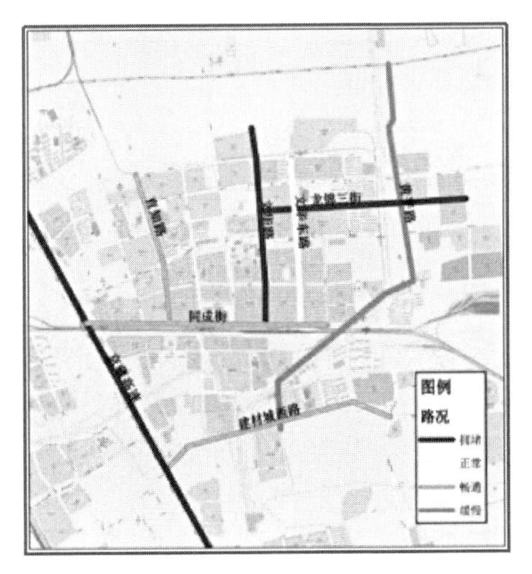

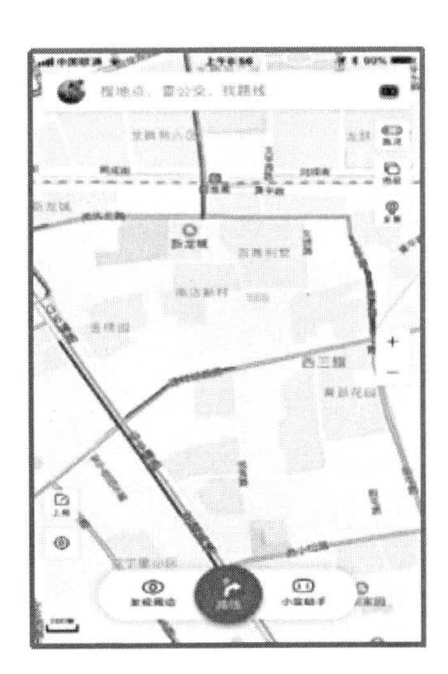

图10.2-3（b） 语义计算社会感知结果与高德导航报道的道路交通状况比较

此外，通过运用情感分析还可以感知得到地铁车站是否拥挤，以及地铁车站周围的建设和管理状况等。

在一般研究中，通常使用市民地铁智能卡数据，根据刷卡记录数来判断地铁是否拥挤，但并没有合适的标准来衡量什么是拥挤，什么是舒适，经常是根据研究者的认知大致设定一个阈值来进行判断。在这种情况下我们可以通过语义计算社会感知，从市民的感受视角来感知它（如图10.2-4所示），这可以帮助我们设定判断的标准，定量分析和定性分析也就可以结合起来，帮助更全面、更准确地了解现状信息。

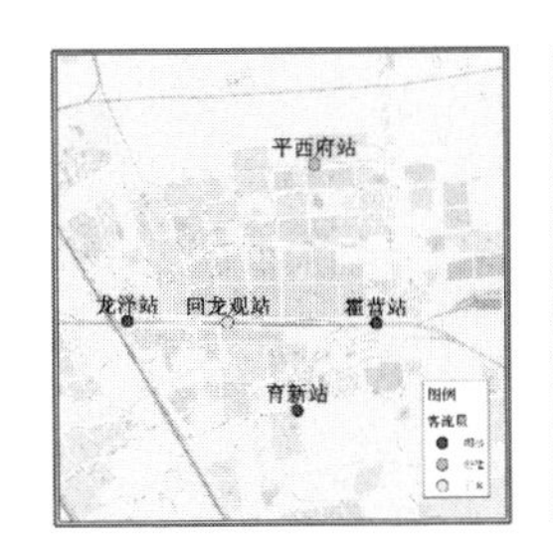

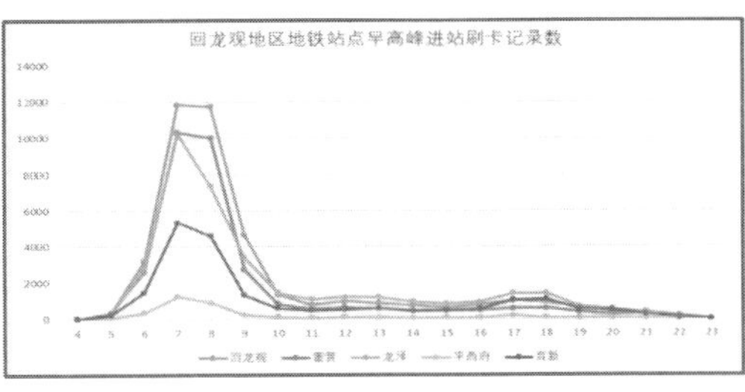

图10.2-4　语义计算社会感知结果与地铁刷卡数据关于地铁站点是否拥挤的比较

更有趣的是通过语义计算社会感知，还可以从建设和管理的角度了解地铁站点周围的情况。例如，在项目研究中通过语义计算感知到一些人为设置的路障使得市民到达地铁站点不是很方便，需要绕行甚至翻越路障；又如，一些地铁站点周边的道路状况很差，在下雨天十分泥泞等。这些信息如果只通过地铁智能卡数据，我们是很难获得的。

回龙观社区治理规划案例验证了对社交媒体数据进行话题分析以及语义信息抽取时，城市规划社会感知领域本体在其中可以起到语义标注的重要作用。在6.6.2节介绍的信息抽取技术RDF三元组中，实体主要是本体中的类或个体，或者满足具体词性的相关词语；而实体属性或实体间关系则是本体中的属性或者用户预先设定的属性列表。通过对回龙观社区“交通状况”话题具体信息的抽取结果分析，可以看出该信息抽取方法具有比较高的准确率。

10.3　三清山旅游规划

三清山位于江西省上饶市，因玉京、玉虚、玉华三座山峰宛如道教玉清、上清、太清三位尊神列坐山巅的样子而得名。其中玉京峰的海拔最高，达到1819.9米，是江西省第五高峰和怀玉山脉的最高峰，也是信江的源头。三清山是道教名山，也是世界自然遗产地、世界地质公园、国家自然遗产和国家地质公园。

此案例的研究地点为著名景区，采集的语料为旅游网站“马蜂窝”上与三清山有关的游记。由于游记都是已整理好的、与旅游主题直接相关的语料，所以基本不需要清洗和再次整理，可以直接用来做语义计算。按照不同的分析维度，分析结果及讨论如下。

1. 按时间的情绪变化规律

按时间顺序，三清山旅游的情感变化如图10.3-1所示。可以看到，虽然三清山旅游的整体情感一直为正面情感（>0.5），但趋势线显示近4年来在渐渐地下降。

为了图表显示方便，将此表中的情感值为乘以100进行加权，并按照季节组织，如图10.3–2所示。可以看出，游记数量明显是春秋季旅游的游客较多，夏冬较少。这与一般的正常感知经验相符。比较令人惊奇的是，旅游情感并不与旅游的季节热度相关，反而最冷的冬季情感值最高。可以推测这或许跟游人相对较少，宽松的环境会让游客的旅游体验更好有关。

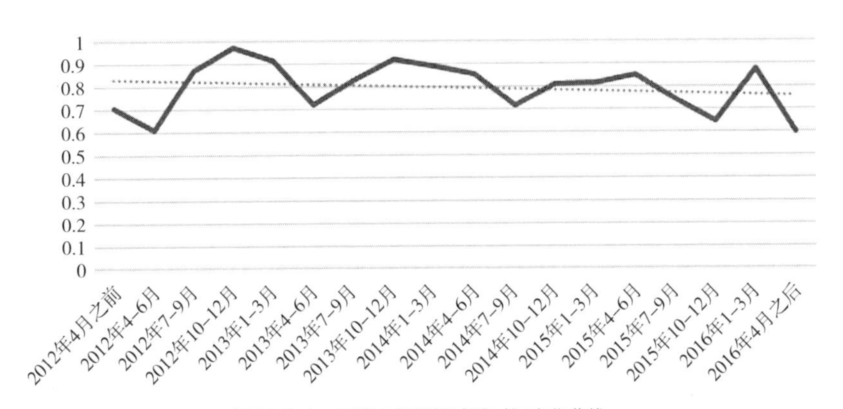

图10.3–1　三清山旅游情感随时间变化曲线

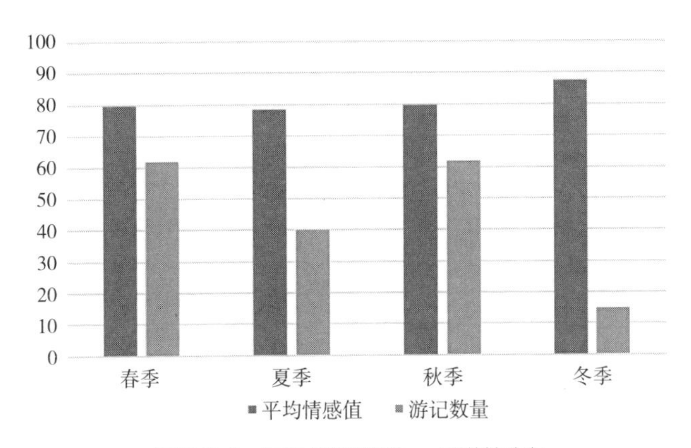

图10.3–2　三清山旅游情感——季节性分布

2. 不同人群结伴出游的情绪

三清山旅游者的出行结构如图10.3–3所示。从图10.3–3不难发现，选择与朋友一起出游的游客是三清山旅游的主力人群。将它与一个人出游的人群合在一起，更占到所有人群比重的70%以上，是三清旅游的绝对主力。而相较之下，“小两口”“带小孩”“家族出游”的家庭出游人群比例仅占20%左右。

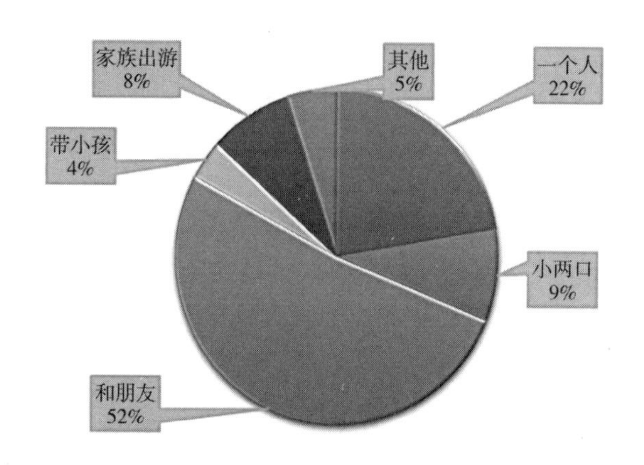

图10.3–3　三清山旅游人群出行结构

按照人群出行结构进行情感分析的结果如图10.3–4所示。

由于“一个人”与“和朋友”旅行的情感值（都高于0.8）高于家庭出游的“小两口”“带小孩”“家族出游”（都小于0.8），因而三清山应当是更适合年轻人独自或者与朋友结伴旅行的目的地，拖家带口的家庭出游可能体验度相对较差。

基于上面两张分析图，可以推测三清山并不是家庭旅游热衷并且体验度很好的旅游目的地。面向独自出游和非家庭小团体出游的设计和考量应当是此地旅游规划的重点。

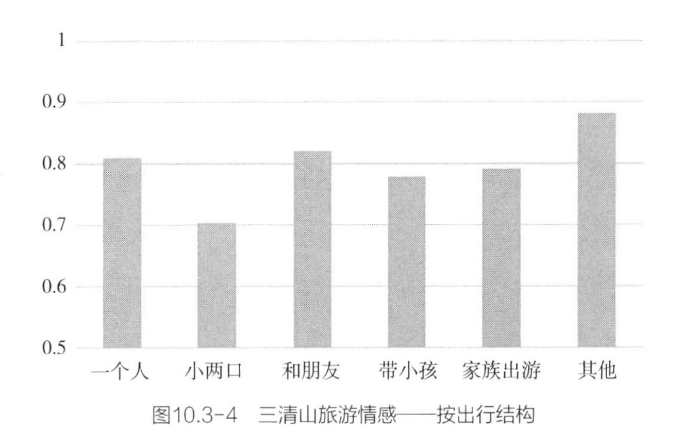

图10.3-4　三清山旅游情感——按出行结构

3. 基于主题的评价

从三清山相关游记原始语料获取典型意见，经过筛选和分类得到的分析结果如表10.3所示。

三清山旅游典型意见表　　表10.3

三清山旅游典型意见			
提及较多的行动	提及较多的景点	旅游时的感受	对景区的评价
南部索道下山	西海岸的栈道	去看日出的都没有看到	风景都还不错的
坐缆车	“三清宫”	天气很好啊	三清山很美
步行上山	“情侣石”	雾又很大	恍若人间仙境
就住山上	“玉女开怀”	雨越下越大	三清山是道教名山
	“郁松林”	一路云雾弥漫	三清山风景秀美
	万寿园景区	山上吃饭很贵	景色绝佳
	南清园景区	山上很冷	
	“企鹅献桃”	味道很鲜美	

典型意见得到的分析结果相当直观，基本可供旅游规划参与人员直接参考。从评价来说，游客的整体评价符合前述情感分析得出的正向结论。提及多的景点和旅行路线值得更加精心的设计和维护。游客感受中提到的三清山上天气多变和饮食的物价问题同样值得规划师思考如何去控制和完善。

总体来说，从互联网采集的游记信息和语料可以为旅游规划提供接近问卷调查的信息反馈，内容也较完整，而且相较于问卷调查，游记中丰富的语料有非常大的挖掘空间来提供有价值的评价和看法。可以说旅游规划，也是基于语义计算社会感知的应用方向，可从不同时间、不同人群的维度进行规划分析和探讨。

10.4　东四街道治理规划

北京市东城区东四街道是北京25片历史文化保护区之一，2015年东四三条至八条历史文化街区被住房和城乡建设部和国家文物局评为首批中国历史文化街区。2016年6月23日至24日，东四街道办事处举办了由80位居民和10名街道部门代表共同参加的研讨会。研讨会重点探讨了基于居民个人视角的街区历史回顾、现状分析和未来展望。

居民们普遍认同东四街道老北京胡同的历史文化价值，对于现状的意见在交通方面是停车问题；公共环境方面包括了居住环境狭小、公共空间被违章占用；公共服务方面包括了政府公正管理、公房出租和养老问题等。对于未来的愿景，居民们主要期望保留东四胡同老北京原汁原味的文化特色，保留原住民，优化胡同里的生活环境，协调好本地与外地居民的邻里关系等。研讨会时的居民意见墙如图10.4所示。

东四街道治理规划项目对新浪微博中有关东四街道的语料进行了采集，在语义计算的基础上考察更广泛的公众意见和感受，用以与居民研讨会所反映出的现状问题进行比较。由于研讨会的时间为2016年6月，为了保持时间上的一致性，采集语料时间的范围为2015年1月至2016年5月。为了兼顾采集语料的准确性和丰富性，采集时使用的搜索词为“东四街道”“东四社区”和“东四胡同”。

项目对于所有采集到的微博语料进行情感分析（情感值域0–1），排除了明显正向情绪的微博（情感值> 0.6），将情绪不明确和负面情绪的微博保留进行进一步整理分析，经文本聚类提取出谈论社会问题、民生问题等与治理规划密切相关的微博。整理出的部分具有代表性微博如表10.4所示。

从表10.4可以看出，居民研讨会提出的主要现状问题和微博整理出的现状问题存在很高的一致性。二者具有明显区别的是，在代表性微博中没有提及养老问题，这很大程度上可以归结为样本的偏性问题。使用微博这一社交媒体形式的中老年人明显偏少，而参与研讨会的居民中，中老年人占了绝大多数。

图10.4　东四街道社区研讨会意见墙

文本话题聚类结果　表10.4

代表性微博	反映问题
位于东四地铁站东南口边上的前炒面胡同多年被俊景苑小区里开车的居民霸占胡同道路，从胡同口开始到小区门口，一溜儿停的都是他们小区的车（俨然成了他们的停车场）胡同本来就窄，这下更窄了，晾衣服扔垃圾的地方都没有，麻烦管理一下 @ 北京 12345	停车
回复 @ 北京 12345: 今晚烧烤，摆摊灯火辉煌，浓烟四起，别总嘴上执法，别治标不治本，禁止摆摊，不禁止烧烤，你拿什么资本可怜别人，拿中国首都的空气吗？上次城管挨了俩嘴巴都能容忍，你们没好处谁信？ @ 北京 12345@ 天涯北京 009@ 北京人不知道的北京事儿 @ 北京人捍卫北京城 @ 廉政东城 @ 解散城管 @ 东四街道办事处	公共空间占用; 公共环境破坏; 政府管理
发表了博文《东四 N 条胡同（五），永宁寺和新肃王府角楼遗存》东四头条至十四条胡同诺大片保留区没有一座寺庙山门遗存，让我非常失望，好在东四十四条交汇的板桥胡同中，终于在一处废物堆中，找到网上介绍的一所寺庙东四 N 条胡同（五），永宁寺和新肃王府角楼遗存	历史遗迹保存
东四十三条上了晚报，胡同里聚集了大量专干盖违建生意的无照小门脸儿，胡同里杂乱不堪早已失去了本来面貌，而这些小门脸儿大都是湖北人开的，棉花胡同到罗儿胡同样也聚集了大量这样的小门脸儿，胡同也是被弄得又脏又乱，真应该也上上报纸曝曝光	公共空间违章占用；外地人口
东四三条这种占道经营何时能解决。开车回家的时候都无法进入。老板的态度极其恶劣。清政府尽快解决 @ 北京城管大队 @ 人民日报 @ 北京消防 @ 北京 12345@ 北京电视台 @ 北京东城消防 @ 北京日报 @ 北京市市政市容委 @ 北京卫视 @BTV 特别关注 @ 东城区行政服务中心 @ 东城食药 @ 首都食药 @ 首都工商 @ 阳光胡同串子	公共空间占用
第六次，东四八条 41 号至石桥胡同北口，烧烤，摆摊，浓烟滚滚…！雨后的清新味去哪里了？我们秉公执法的公务员去哪了，我们的空气去哪了，你们城管凭什么纵容，凭什么照顾商贩家庭纵容烧烤，拿什么理由为别人利益破坏空气 @ 北京 12345@ 北京市东城 @ 天涯北京 009@ 北京人捍卫北京城 @ 北京人发布 @ 首都城管	公共环境破坏; 政府管理
北京老胡同九道湾位于东四十四条，那里没有商业店面的气息，纯属老味，相比有名的胡同，闲的脏乱差。那里有梁启超的故居四合院，院里已盖的房子琳琅满目，看不出是四合院。院对面是梁的住所，但大门禁闭，都已住人，不让进（第八图）。老外骑车也在逛胡同呢。……（共有 13 张图片 http://url.cn/hzJvmG）	公共环境破坏

续表

代表性微博	反映问题
@o 斌仔 o 至于东四十条，想起来最可气，现在叫作东四的地方是个路口，原先路口四个方向各有一个牌楼，所以叫“东，四牌楼”，其东北方向有十个胡同，都称为条，所以第十个胡同就叫“东，四牌楼，十条”，50 年代牌楼全拆了，“东，四牌楼”便改为可笑的东四，“东，四牌楼，十条”改为“东四，十条”	历史遗迹保存
@ 北京市东城 @ 北京晨报 @ 东四街道办事处 @ 东四街社区这种事情越来越严重，能不能管一管？ @Takahashi 火星男如果可以要不要组织一下反对这种行为，我相信有很多人想抵制这种行为 //@ 北京市市政市容委这里是东城区玉石胡同，请问私自占用公共区域安装地锁这种事儿你们到底是管不管，不管的话给个准儿地儿说话，报房胡同整个都被这种垃圾玩意儿沾满了，这么影响北京市容的东西你们也真看得下去？？？？？北京 · 多福巷	公共空间违章占用；外地人口
//@ 幽光明心 ://@ 赏花 777: 我建议清除【盲流】，查租房中介。物业地下。看看东四。那一些条子胡同里的家政，都是盲流开店，黑我们北京人，天价雇工，牛的向土匪，谁敢管一管。严查居委会。教押金 1800 元。不给退。这那里向北京。黑寡妇开店。就能得逞。祸害北京人	公房出租；外地人口；政府管理

为了更加深入地开展研究，项目从旅游网站（携程、马蜂窝）采集了有关东四胡同景点的短评语料。语料采集完毕后，对其进行情感分析和典型意见提取。游客短评情感分析得出的平均值为0.826，远高于0.5的平均值。可见，尽管居民研讨会讨论和新浪微博中反映了很多东四街道当前存在的问题，从游客的视角，其实对东四胡同的观感整体上是相当正面的。对这些语料进一步进行典型意见分析，得出有实际意义的典型结果，部分示例如下：

正面：“很有北京胡同特色”；“保存相对完整的一片胡同”；“拍照取景很棒”；“在二环很方便”；“绝对值得一去”。

负面：“胡同长，里面好多汽车。没得看，就是居民区”；“还是看到很破败，生活也不容易，卫生条件差”。

将旅游网站的短评语料与居民研讨会反映的意见对比，游客短评中的正面看法基本符合社区居民对东四街道现状的认同。同时从游人的角度，短评语料补充了东四胡同对于旅游而言具有文化历史、风貌、交通等方面的优势。游客短评中负面看法虽然相对较少，但其中反映的问题如停车空间问题、公共空间的局限、公共环境的破坏等，也跟居民意见具有一致性。

综上，可以看出基于互联网大数据语义计算的社会感知结果，跟传统城市规划常采用的调查研究所能获取的主要观点和意见，具有很高程度的一致性。对社交媒体语料进行语义计算所得出的结论相较于传统调查结果有更多的视角，帮助得到内容更丰富的观点和意见。如若再将社会感知语义计算的成果与居民研讨会的结果进行比较，把比较结果与当地居民进行沟通和研讨，势必会进一步的促进公众参与，激发更加深入的讨论，从而培育更加良好的市民意见，保障规划成果的针对性、科学性和可实施性。

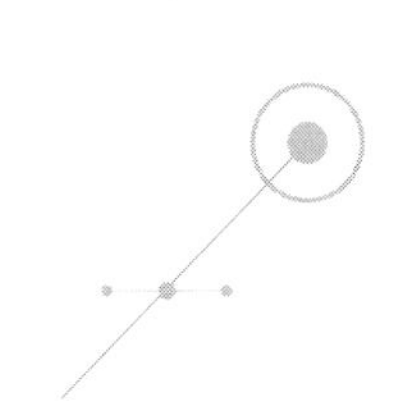

第11章 讨论与展望

11.1 成果分析

11.1.1 成果概述

基于语义计算的城市规划社会感知是针对当前城市规划面临的重大转型和创新形势，利用新的数据环境和技术条件而建立的在城市规划领域开展社会感知语义计算的理论与技术体系，可为规划行业开展相关应用提供参考和指南。其主要内容是以语义分析、文本挖掘和自然语言处理等技术为依托，结合城市规划业务工作研究内容，通过对各种开放网络、社交媒体、自媒体等互联网文字语料的处理和分析，主动感知规划社会环境，实现对能够体现社会热点、专家思想、公众意见等内容的判辩、挖掘和整合，帮助汇聚各方意见、思想和智慧，反馈呈现给规划工作，为规划编制与实施管理中的现状调研、知识积累、问题分析和科学决策提供参考服务。

具体地，本书主要介绍了三个方面的内容，即城市规划社会感知理论框架、基于语义计算的规划社会感知关键技术和规划社会感知语义计算的应用实践，形成了较为完整的、成体系的成果。

在理论思考方面，于相关行业发展背景以及相关概念和它们发展现状介绍的基础上，从多维视角分析了社会感知对于城市规划行业的意义，并进一步地着重论述了基于语义计算的社会感知的内涵。在关键技术方面，强调了规划社会感知语义计算知识库，包括规划行业领域本体库、规划情感词典库和规划知识规则库，为在城市规划行业开展语义计算应用提供了知识背景，利于结合城市规划行业应用的特点，对通用自然语言处理和语义分析技术进行适应性扩展和调整，从而提高规划领域应用的成效。随后，本书进一步将关键技术软件化，即将这些专门研究的关键技术与地理信息系统、数据库、通用自然语言处理和语义分析技术等加以组合和集成，形成专门的应用系统，为规划项目实际应用提供支持工具。在规划应用实践部分，则是从规划行业整体感知和具体规划项目感知两个方面开展应用实践，探讨规划社会感知语义计算在实际规划工作中可能的应用场景和应用价值，并验证关键技术在规划行业中应用的可行性和适应性。

11.1.2 应用成效

本书不仅开展了理论与技术框架和关键技术的研究，也结合一些具体的规划项目和规划需求，进行了案例研究和应用实践。通过这些案例实践，表明开展基于语义计算的规划社会感知可在以下四个方面的规划工作中发挥作用。

1. 规划现状调研

通过规划社会感知，可以丰富规划项目和城市研究的现状调研信息，利用海量文本信息帮助查找城市规划实施现状和城市运行管理现状中的问题，也可以帮助了解市民的生活状态和对规划实施的满意程度。

2. 文献调研和综述

通过规划社会感知，可以在大量研究文献中快速梳理规划专题的研究发展脉络以及历史上不同时间阶段主要的研究内容和成果，从而为当前规划研究提供参考和借鉴。

3. 规划公众参与

通过规划社会感知，可以帮助规划师们发挥主观能动性，在互联网和开放数据环境下，扩大样本群体。可在长期跟踪和动态评估中，主动了解公众的意见、想法、情绪和主张，帮助改善当前开展社会调查在人力、物力、财力等方面投入较大，以及受调查问卷设计的客观性和调查对象的代表性常常存疑等问题困扰的局面，改变当前规划公众参与工作相对被动的状况，使得规划公众参与更加主动和有成效。

4. 规划分析与决策支持

通过规划社会感知，可以和基于其他类型数据的规划分析和决策支持手段形成相互补充、相互印证的关系，充分形成空间数据与非空间数据、定量分析和定性分析、理性思维和感性思维有机结合的分析与决策支持体系，使得规划决策和行动更加有据可依，更加有针对性、合理性和科学性（Yu et al.，2019）。

11.1.3　方法创新

本书介绍的城市规划社会感知和智能语义计算内容总体上在以下三个方面取得了创新。

1. 提出以城市规划社会感知密切规划与社会联系的新时期规划创新工作思路

针对当前新的数据环境、新的技术发展与基于互联网创新平台的时代背景，提出以规划社会感知来提高城市规划对社会环境的敏感性和洞察力，改善规划公众参与和民主决策，推动规划由关注物质空间的技术过程转向关注社会空间的社会过程，促进规划物质空间和社会空间的融合，使得城市规划工作更具现代社会的特点。

2. 建立基于语义计算的城市规划社会感知的理论和技术框架

针对城市规划转型发展和业务需求，从多维视角论述了社会感知语义计算的规划意义，形成了包括感知类型、业务、技术、服务和保障等内容的理论框架。同时，构建了规划社会感知语义计算的技术框架，集成多种自然语言处理、语义分析和文本挖掘技术，为在城市规划行业开展基于语义计算的社会感知应用建立了完整的技术体系。

3. 形成有效的规划领域社会感知语义计算关键技术

通过研究构建了国内首个规划行业社会感知语义计算知识库，包括首个规划领域本体库、规划社会感知语义词典库、规划社会感知知识规则库等；对一系列自然语言处理、语义分析和文本挖掘技术进行了系统性的组织，能够实现较为全面的分析功能，同时各个功能模块可以灵活地进行组织，适于面向不同的规划社会感知应用场景进行拆分和集成。相关技术已在具体的规划项目应用实践中得到验证，取得较好的成果。

11.2 讨论和展望

11.2.1 问题讨论

现阶段，自然语言处理及语义计算技术在城市规划方面的研究和应用尚处于起步阶段，在具体的理论技术方法和应用实践中仍有一些问题有待于深入探讨。

1. 语料样本的偏性

博客、微博、论坛、百度贴吧的内容以及数字新闻、游记等语料，虽然样本数量相对传统方法获取的数量堪称海量，但相比于传统规划调研大都会采用严格的统计抽样方法，这些语料容易存在样本的偏性。样本的偏性主要来自于两方面：

第一，上网人群的偏性。如较少老人和小孩使用互联网，欠发达地区的互联网普及率相对偏低导致这类地区人群的覆盖较少等。在东四街道治理规划案例的意见分析中，因老人这一特殊群体的明显偏性而导致的结果差异就很有代表性。中老年人参与网络社交媒体的程度比较低，而在线下研讨会中参与的居民则多为老年人，所以养老问题在网络社交媒体语料的语义计算中没有得到。

第二，发布者人群的偏性。在确定性的经常上网人群中，是否关注某些话题、是否积极参与讨论、是否坦诚发表意见、是否具有该领域较为专业的背景等，成为决定社交媒体语料内容多少和质量的重要因素。较上网人群的偏性而言，发布者人群的偏性往往更难以系统性地解决。

上述两种人群的偏性问题，现阶段解决办法是获取尽可能多的不同类型语料信息，通过对这些内容丰富的语料做语义计算、分析比较和互为印证，既提高样本规模，也克服其中可能存在的样本偏性。

2. 不同语料来源差异较大

规划应用项目因规划内容、空间尺度、应用深度和范围等不同，对于信息的获取有不同需求，而各种社交媒体由于介质载体、面向群体、应用场景等方面的不同，话题内容的差异也较大。举例来说，微信公众号涉及机构业务宣传、学术研究、日常生活、教育文化、商业运营等广泛领域，语料篇幅一般也较长；微博语料短小精炼，观点直接，涉及领域也是十分广泛；论坛和贴吧，如果涉及较为专业的内容，参与人群一般也是在该领域具有较高的专业水准，如果是关于某一城市、社区或街道的论坛或贴吧，则兴趣主题和参与人群明显具有空间性，内容上也更接近城市规划和城市研究关心的领域。此外，在不同社交媒体来源中，除了语料内容自身十分重要外，还有与发布者相关的信息也是从“人”的视角进行规划感知和分析的重要依据，如发布者的身份（机构/个人等）、所在地域、年龄、受教育程度、职业等重要信息都有比较大的价值。然而，并不是所有社交媒体都会共享这些信息。即便是共享，由于使用者个人填报的原因，信息的完整性和准确性也缺乏保证。

因此，不同来源的语料数据在内容上和形式上都存在着较大差异，尽管这给城市规划社会感知中的语义计算带来了一定程度的干扰，例如海量、纷杂、长短不一的语料给语义计算和知识萃取带来了技术上的困难。但不可否认的是，各种来源的原始语料还是总体上全面、客观、真实地反映了城市规划、建设和管理对于在城市生活工作中的“人”的影响以及他们的认知和反应。城市规划工作者需要客观认识事物的两面性，并善用这种差异，对不同来源的社交媒体语料进行甄别选择、组合汇总，以适应不同规划研究任务的差异性，并挖掘提取出需要的有价值知识。

3. 社会感知语义计算与舆情分析的联系和区别

毫无疑问，舆情分析和语义社会感知会有重叠的部分，乍一看也具有相似性，如都是以互联网、微博、新闻、论坛等社交媒体语料为数据源，都涉及自然语言处理和语义计算中的分词、关键词提取等技术手段，一般都要做情感倾向性分析，都与城市和社会问题紧密关联等。但是，通过本书的阐述，可以发现从城市规划和城市研究的应用视角，二者之间也存在着显著区别。

舆情分析的对象主要是事件，尤其是一些公共危机事件，如疾病暴发、自然灾害、生产安全、公共安全、群体关系等事件。这些事件的发生一般都危及公共安全和正常社会秩序，往往会对城市管理、居民生活或者生命财产等造成损失，具有突发性、紧急性和严重危害性，因此都需要政府管理机构在第一时间做出及时响应。舆情分析一般针对这些事件在做数据采集的基础上，通过对语料内容的分析，跟踪事件在引发期、酝酿期、发生期、发展期、高潮期、处理期、平息期和反馈期等不同阶段的热点话题、传播路径、意见领袖、民众观点、大众情绪等，从而了解事件的演化脉络细节，为政府单位及时采取恰当的管理和应对措施提供参考依据。因此，舆情分析往往具有明显的短期性、时效性、全面性特征，同时在语料内容采集上高度聚焦，在涉及的空间范围上十分明确，在技术方法上比较成熟，在事件的响应处理流程上比较固定。

城市社会感知语义计算目的是从海量社交媒体语料中了解和发现社会大众对规划设计方案或者规划实施现状的认知、态度、意见或者情绪等内容，帮助规划工作者洞察城市问题，做出有针对性的规划响应，优化完善规划设计方案，调整改进规划实施策略或管理方法。与舆情分析主要面向事件演化过程的跟踪有所不同，由于城市问题的综合性，以及城市规划设计和实施管理是一个不断循环、不断反馈的递进式发展过程，社会感知语义计算显得更加复杂。主要表现在：1）在语料维度上，内容更为广泛，空间也因不同规划任务研究范围的不同而不确定，数据更为海量，利于全面综合分析城市规划、建设和管理涉及的关于城市经济结构、空间结构、社会结构发展的问题；2）在时间维度上，是长期跟踪社会公众对于城市相关问题的反应，便于比较不同时期的规划实施成效；3）在分析方法上，技术更为复杂，需要以城市规划行业专业知识体系为背景，在原始语料中挖掘出真正与规划研究内容密切相关、体现城市规划问题的线索，而这导致了处理流程的动态变化和技术方法的复杂组合应用。

因此，社会感知语义计算与舆情分析既有联系，又有区别，需要城市规划工作者针对规划项目内容和研究目标进行联合应用。比如在大量公共危机事件中，也有不少与城市规划设计和实施管理相关的内容，城市规划工作者既要通过语料了解公众对于规划问题的态度和情绪，发现规划工作中的问题，帮助改进规划工作，又要跟踪事件的引发原因、传播途径和发展过程等演化特征，以采取适当的危机处理对策。这二者本质上是一种相辅相成的决策行为，离不开社会感知语义计算和舆情分析两种技术手段的综合应用。

11.2.2 未来展望

第九章和第十章的应用实践案例展示了基于语义计算的城市规划社会感知在城市规划中的应用价值和意义。随着互联网的蓬勃发展以及人工智能和机器学习等新兴技术的快速发展和应用，可以预期在不远的将来，越来越多的规划师和规划项目都可以采用这类技术来进行规划的社会感知，以获得更深、更广、更精确的规划分析和决策的支持信息。未来可以在以下几个方面开展更加深入地推动探索。

1. 在技术方法上进一步扩展规划社会感知语义计算知识库和功能框架

尽管语义计算、自然语言处理技术随着大数据时代的来临进步飞速，但应用到城市规划行业这一具体领域语境中，还是需要有诸多技术方法上的攻关研究和实践。本书在技术方法上设计构建了支撑将语义计算应用于规划行业的知识库，建立了基于语义计算的规划社会感知功能框架，并经过一些具体案例的实践，初步验证了技术方法的可行性和适用性。鉴于城市规划工作的综合性和复杂性，规划社会感知的应用场景也是丰富多样。因此，需要在未来实践中，规划信息技术人员与规划设计人员一起努力建立起更加丰富的基于语义计算的社会感知知识库，在技术框架中加入更多的语义分析方法，一方面帮助解决前面提到的样本偏性、多源语料的互相补充完善等问题，另一方面能够在不同的规划层级、不同的规划专业内容、不同的规划工作阶段中发挥社会感知的作用。例如，现阶段本书关注重点是基于海量文本的语义计算社会感知，而实际上在微博、新闻、游记中，也有部分观点和态度体现在公众分享的图片或视频里，如何获取和分析这一部分的社会感知数据是现阶段的技术难点，需要在语义计算框架中引入图像语义理解的相关技术方法。同时，随着社交网络的广泛使用，成千上万代表着人的情绪的标签可供研究者使用，帮助更好地分析城市的“场所情感”。此外，“社会感知”数据和遥感数据都捕捉了地理环境不同的方面，把这两种数据整合起来应该是比较吸引人的学术话题。

2. 在应用实践上进一步开拓语义计算社会感知的深度和广度

本书介绍的内容目前在规划现状调研、规划行业文献调研、规划公众参与等方面初步开展了应用实践。从应用案例中即可看出，基于互联网等开放社交媒体语料的语义计算较容易实现对既有规划实施的认知和印证，也就是满足对规划实施现状的调查。同时，在一定维度和条件下，可以给城市规划工作提供更多的线索。未来，在更多基于语义计算的社会感知技术应用在城市规划领域之后，应尝试在规划编制、实施、评估、监督中全面的开展社会感知应用，以更加深入、广泛地为城市规划业务提供洞察和锐见，密切规划与社会的联系。以社区治理为例，可以进一步研究基于语义计算的社会感知是否能够感知公众对所在社区的认同感和归属感，例如通过情感分析了解居民对社区现有居住环境、生活服务等的熟悉程度和满意程度，社区居民之间彼此的互动关系，以及社区居民的意见是否呈现趋同性和集群特征等，这些信息都有助于规划师研判现状情势和做出针对性强的规划方案。

社会感知是规划师们了解规划实施现状、进行规划方案优选和决策的技术手段，这一点与当前规划行业中普遍使用的大数据行为分析、空间分析和模型分析等所起的作用是一致的。这几种规划决策支持的分析技术，虽然各自有各自的数据输入、处理方法、分析对象和适用场景，但应用到规划行业中时，并不是彼此割裂的关系，而是相互补充、相互支持和相互印证的关系。从目前规划分析中常用的地理信息系统（GIS）角度来看，“社会感知”数据一方面带来了具有时间属性的新型数据，巨大的数据处理量给GIS带来了挑战；另一方面，社会感知建立的人与人之间、人与地点之间或者地点与地点之间的联系也可帮助我们建立空间网络，有利于城市和社会研究人员进行分析。在第十章介绍的长辛店老镇复兴规划和回龙观社区治理规划案例中，已经可以看到不同技术之间的互补关系，社会感知成果为规划师们带来了更多需要思考和改进的线索。因此，在做规划决策支持分析时，应将规划分析涉及的这些技术加以综合运用，发挥联合的技术优势。基于语义计算的社会感知技术可以作为单独存在应用于规划工作，但更应该与其他的分析决策技术方法进行结合，以产生更加全面、更加精确、更加令人信服的分析结果。

3. 将社会感知语义计算融入智慧规划和智慧城市建设

智慧城市是城市化和信息化发展到一定阶段的产物，是城市未来的发展方向。智慧城市的概念与信息城市、智能城市和数字城市等有着深厚的渊源。2008年IBM公司首次提出“智慧城市”战略后，在全球范围内掀起了研究和建设的热潮。早期的认识和实践多集中在技术层面，更多的是关注以物联网、云计算、移动互联和大数据等新兴信息技术为核心构建新型城市基础设施，实现城市运行管理中各种信息基础设施的互联和互通。在推进过程中，人们逐渐意识到，智慧城市不仅仅是智能城市基础设施的建设，其本质是将先进的信息技术运用于城市管理和运行，增强城市中市民、社区的智慧集合，帮助克服和解决当前城镇化进程和城市发展中的种种问题，促进城市智慧与可持续发展，创建公平、公正和包容的社会，创造更美好的城市生活（M. Batty et al.，2012；Connected Smart Cities Network，2013；Staffans and Horelli，2014）。换句话说，就是在规划建设和管理“城市”的过程中以信息技术为支撑注入“智慧”的思想和方法。在这个意义上，“智慧城市”战略与城市规划和PSS在目标和手段上都有着天然契合点，智慧城市需要智慧的规划和PSS的支持，智慧城市也是PSS的重要应用领域。PSS可以提高规划过程的效率，在一定程度上也可以帮助提高整个城市系统的效率（Jan-Philipp Exner，2015）。

智慧的产生离不开知识。关于知识，经济合作与发展组织（Organization for Economic Cooperation and Development，OECD）根据知识表现形式，将其划分为四类：1）know-what：事实知识，或理解性知识，是实质可以观察、感知或者数据呈现的知识，如统计、调查等。2）know-why：原理知识，或推理性知识，包括自然原理或法则等的科学知识。3）know-who:人际知识，或管理型知识，有了这类知识，就知道如何寻求帮助，去解决问题。4）know-how：技能知识，或技术性知识，是指有关技术的知识或做事的技术。在“智慧城市”发展战略下，城市规划需要具备对城市建立起智慧的、整体的理解，给城市提供更为精准、动态、有效的服务能力，而这种整体理解是建立在能够对城市进行全面感知基础上的（Susa Eräranta and Aija Staffans，2015）。只有对城市的主人——市民产生的各种关于城市运行管理现状以及对他们影响的“事实知识”进行充分挖掘利用，才是规划师获取智慧的有效途径。智慧城市需要利用无处不在的、智能传感的反馈信息，对城市运行状态和社会发展实现全方位的感知，并将感知到的关于现状的“事实知识”整合作为PSS的输入，依托PSS能够提供的“原理知识”和“技能知识”，从而有效的帮助城市规划和管理者对城市状态和问题进行分析，提高决策上的科学认识和水平。总之，在新型数据不断开放的环境下，新的分析方法和方式需要我们不断摸索，去更好地理解我们的城市以及社会地理环境，给城市规划工作提供更好的智力支持。从这个意义上讲，城市规划社会感知和语义计算理应在智慧城市建设中发挥更大作用。

参考文献

[1] Allan J. Introduction to topic detection and tracking. Topic detection and tracking. 2002: 1–16.

[2] Andrew T. Campbell et al. The rise of people-centric sensing. Published by the IEEE Computer Society. July/August, 2008.

[3] Andrew T. Campbell, Shane B. Eisenman, Nicholas D. Lane, Emiliano Miluzzo, Ronald A. Peterson. 2006. People-centric urban sensing. DOI:10.1145/1234161.1234179.

[4] Shane B. Eisenman, Nicholas D. Lane, et al. MetroSense Project: People-centric sensing at Scale. WSW'06 at SenSys'06, October 31, 2006, Boulder, Colorado, USA.

[5] Arnstein S. R. A ladder of citizen participation. Journal of the American Institute of Planners, 1969, 35: 216-224.

[6] Amara, N., Ouimet, M., Landry, R. 2004. New evidence on instrumental, conceptual, and symbolic utilization of university research in government agencies. Scientific Communication, 26 (1), 75-106.

[7] Batty, M. 2014. Can it happen again? Planning support, Lee s Requiem and the rise of the smart cities movement. Environment and Planning B: Planning and Design, 41(3), 388-391.doi:10.1068/b4103c2.

[8] Benjamin Allboch，Sascha Henninger，Eugen Deitche. An urban sensing system as backbone of smart cities. Proceedings REAL CORP 2014 Tagungsband, 21-23 May 2014, Vienna, Austria.

[9] Benjio Y, Ducharme R, Vincent P, et al. A neural probabilistic language model. Journal of machine learning research, 2003, 3(Feb): 1137-1155.

[10] Berners-Lee T, et al. Semantic web road map. [S.l.]: [s.n.], 1998.

[11] Berners-Lee T, Hendler J, Lassila O, et al. The semantic web. Scientific American. 2001, 284 (5): 28–37.

[12] Blondel V. D., Guillaume J. L., Lambiotte R, et al. Fast unfolding of communities in large networks. Journal of statistical mechanics: theory and experiment. 2008, 2008 (10): P10008.

[13] Bos J. (2011).A survey of computational semantics: Representation, inference and knowledge in wide-coverage text understanding. Language and Linguistics Compass 5/6: 336–366, 10.1111/j.1749-818x.2011.00284.x.

[14] Blackburn, P., Bos, J. (2005). Representation and inference for natural language: A first course in computational semantics. CSLI Publications. ISBN 1-57586-496-7.

[15] Blei D. M., Ng A. Y., Jordan M. I. Latent dirichlet allocation. Journal of machine learning research. 2003, 3 (Jan): 993–1022.

[16] Bloom K, Garg N, Argamon S, et al. Extracting appraisal expressions. HLT-NAACL: volume 2007. [S.l.], 2007: 308–315.

[17] Bun K. K., Ishizuka M. Topic extraction from news archive using tf* pdf algorithm. IEEE, Web Information Systems Engineering, 2002. WISE 2002. Proceedings of the Third International Conference on. [S.l.]: IEEE, 2002: 73–82.

[18] Burke J, Estrin D, Hansen M, Parker A, Ramanathan N, Reddy S, Srivastava M.B. 2006. Participatory sensing. UC Los Angeles: Center for Embedded，Network Sensing. [http://escholarship.org/uc/item/19h777qd].

[19] Calabrese, F., Colonna, M., Lovisolo, P., Parata, D., Ratti C. 2011. Real-time urban monitoring using cell phones: a case study in Rome. IEEE Trans. Aerosp. Electron. Syst. 12 (1), 141–151.

[20] Calabrese, F., Diao, M., Lorenzo, G. D., Ferreira, J., & Ratti, C.2013. Understanding individual mobility patterns from urban sensing data: Amobile phone trace example. Transportation Research Part C: EmergingTechnologies, 26, 301–313.

[21] Chaidron C, Billen R, Teller J. Investigating a bottom-up approach for extracting ontologies from urban databases. Ontologies for Urban Development.Springer Berlin Heidelberg, 2007: 131-141.

[22] Church K. W, Hanks P. Word association norms, mutual information, and lexico graphy. Computational linguistics. 1990, 16 (1): 22–29.

[23] Cunningham H, Maynard D, Bontcheva K, et al. GATE: A frame- work and graphical development environment for robust NLP tools and applications. Proceedings of the 40th Anniversary Meeting of the Association for Computational Linguistics (ACL’02). [S.l.], 2002.

[24] Daniele Quercia, Neil O’Hare, Henriette Cramer. Aesthetic Capital: What makes london look beautiful, quiet, and happy? Proceedings of the 17th ACM conference on Computer supported cooperative work & social computing. DOI:10.1145/2531602.2531613.

[25] Ding X, Liu B, Yu P S. A holistic lexicon-based approach to opinion mining. ACM, Proceedings of the 2008 international conference on web search and data mining. [S.l.]: ACM, 2008: 231–240.

[26] Dongyoun Shin, Daniel Aliaga, Bige Tunçer, Stefan Müller Arisona, Sungah Kim, Dani Zünd, Gerhard Schmitt. Urban sensing: Using smartphones for transportation mode classification. Computers, Environment and Urban Systems (2014), http://dx.doi.org/10.1016/j.compenvurbsys.2014.07.011

[27] Emiliano Miluzzo, Nicholas D. Lane et al. (2015). Sensing meets mobile social networks: The design, implementation and evaluation of the CenceMe application.DOI: 10.1145/1460412.1460445 Conference: Proceedings of the 6th international conference on embedded networked sensor systems, SenSys 2008, Raleigh, NC, USA. November 5-7, 2008.

[28] Exner, J.P. (2015). Smart cities – Field of application for Planning Support Systems in the 21st Century? International Conference on Computers in Urban Planning and Urban Management, 2015. Boston. USA.

[29] Francesco Calabrese, Mi Diao, Giusy Di Lorenzo, Joseph Ferreira Jr., Carlo Ratti. Understanding individual mobility patterns from urban sensing data:A mobile phone trace example.Transportation Research Part C 26 (2013), 301–313.

[30] Gao X., Yu W., Rong, Y., Zhang, S. (2017). Ontology-based social media analysis for urban planning. In 2017 IEEE 41st Annual Computer Software and Applications Conference (COMPSAC) (Vol. 1, pp. 888-896). IEEE.

[31] Geertman, S. (2001) Participatory planning and GIS: a PSS to bridge the gap, Environment and Planning B: Planning and Design, Vol 29 No 1 pp 21-35.

[32] Geertman, S., & Stillwell, J. (2003). Planning Support Systems in Practise. Heidelberg: Springer.

[33] Geertman, S., Stillwell, J. (2004). Planning support systems: an inventory of current practice. Computers, Environment and Urban Systems, 28(4):291-310.

[34] Geertman, S., Stillwell, J. (2009). Planning Support Systems Best Practice and New Methods. Springer.

[35] Griffiths T.L., Steyvers M. Finding scientific topics[J]. Proceedings of the National academy of Sciences. 2004, 101 (suppl 1): 5228–5235.

[36] Gruber T.R., et al. A translation approach to portable ontology specifications[J]. Knowledge acquisition. 1993, 5 (2): 199–220.

[37] Gudmundsson, H. (2011). Analysing models as a knowledge technology in transport planning. Transport Reviews, 31 (2): 145-159.

[38] Harris B. (1989) Beyond geographic information systems: computers and the planning professional. Journal of the American Planning Association, 5585–90.

[39] Harris, B., Batty, M. (1993). Location models, geographic information and planning support systems. Journal of Planning Education and Research,12:184-198.

[40] Hu M, Liu B. Mining and summarizing customer reviews. ACM, Proceedings of the tenth ACM SIGKDD international conference on Knowledge discovery and data mining. [S.l.]: ACM, 2004: 168–177.

[41] Ioannis Krontiris, Felix C. Freiling. Integrating people-centric sensing with social networks: A privacy research agenda.Conference: Pervasive Computing and Communications Workshops (PERCOM Workshops), 2010 8th IEEE International Conference. DOI:10.1109/PERCOMW.2010.5470510.

[42] Isa Baud, Dianne Scott et.al. (2015). Reprint of: Digital and spatial knowledge management in urban governance: Emerging issues in India, Brazil, South Africa, and Peru.Habitat International 46.

[43] Jaewook Lee, Yongwook Jeong, Yoon-Seuk Oh, Jin-Cheol Lee, Namshik Ahn, Jaehong Lee, Sung-Hoon Yoon. An integrated approach to intelligent urban facilities management for real-time emergency response. Automation in Construction 30 (2013) 256–264.

[44] Jan Höller, Vlasios Tsiatsis, Catherine Mulligan, Stamatis Karnouskos, Stefan Avesand, David Boyle. From Machine-To-Machine to the Internet of Things-Introduction to a New Age of Intelligence. Chapter 15–Participatory Sensing.2014, Pages 295–305. doi:10.1016/B978-0-12-407684-6.00015-2.

[45] Jakob N, Gurevych I. Extracting opinion targets in a single and cross-domain setting with conditional random fields. Association for Computational Linguistics, Proceedings of the 2010 conference on empirical methods in natural language processing. [S.l.]: Association for Computational Linguistics, 2010: 1035–1045.

[46] Jin W, Ho H. H., Srihari R. K. A novel lexicalized hmm-based learning framework for web opinion mining. Citeseer, Proceedings of the 26th Annual International Conference on Machine Learning. [S.l.]: Citeseer, 2009: 465–472.

[47] Kamel Boulos et al.: Crowdsourcing, citizen sensing and sensor web technologies for public and environmental health surveillance and crisis management: trends, OGC standards and application examples. International Journal of Health Geographics 2011 10:67.

[48] Kim S. M., Hovy E. Determining the sentiment of opinions. Association for Computational Linguistics, Proceedings of the 20th international conference on Computational Linguistics. [S.l.]: Association for Computational Linguistics, 2004:1367.

[49] Klosterman, R. E. (1997). Planning support systems: a new perspective on computer-aided planning. Journal of Planning Education and Research, 17(1):45-54.

[50] Klosterman, R. E. (2001). Planning Support Systems: Integrating Geographic Information Systems, Models, and Visualization Tools. ESRI.

[51] Lindsay T. Graham, Samuel D. Gosling. 2011. Can the ambiance of a place be determined by the user profiles of the people who visit it? Proceedings of the Fifth International AAAI Conference on Weblogs and Social Media.

[52] Lin D, et al. An information-theoretic definition of similarity.Citeseer, ICML: volume 98. [S.l.]: Citeseer, 1998: 296–304.

[53] Linda Liu,Ying Liu,Jian Li,Roger Li,Hua Ding.(2015).Building an open information platform for aging services. White paper by Intel Health and Life Sciences Group.

[54] Liu, Y., Liu, X., Gao, S., Gong, L., Kang, C.G., Zhi, Y., Chi, G.H., Shi, L. (2015). Social sensing: A new approach to understanding our socio-economic environments. Annals of the Association of American Geographers. 105(3), 512-530. doi: 10.1080/00045608.2015.1018773.

[55] Liu B, Zhang L. A survey of opinion mining and sentiment analysis. [S.l.]: Springer. 2012: 415–463.

[56] Long Vu, P. Nguyen, K. Nahrstedt, B. Richerzhagen. Characterizing and modeling people movement from mobile phone sensing traces. Pervasive and Mobile Computing (2014), http://dx.doi.org/10.1016/j.pmcj.2014.12.001.

[57] Maarit, K., Marketta, K. (2009). SoftGIS as a bridge-builder in collaborative urban planning. In Geertman, S. and Stillwell, J. (Eds.), Planning Support Systems Best Practice and New Methods(pp.389-412). Netherlands: Springer.

[58] Makkonen J. Investigations on event evolution in TDT[C]. In: Proceedings of the 2003 Conference of the North American Chapter of the Association

for Computational Linguistics on Human Language Technology. 2003:43- 48.

[59] Métral C, Falquet G, Vonlanthen M. An ontology-based model for urban planning communication.Ontologies for urban development. Springer Berlin Heidelberg, 2007: 61-72.

[60] Metral C, Falquet G, Karatzas K. Ontologies for the integration of air quality models and 3D city models [J]. arXiv preprint arXiv: 1201.6511,2012.

[61] Mihalcea R, Tarau P. Textrank: Bringing order into texts. Association for Computational Linguistics. [S.l.]: Association for Computational Linguistics, 2004.

[62] Mikolov T, Chen K, Corrado G, et al. (2013). Efficient estimation of word epresentations in vector space. arXiv preprint arXiv:1301.3781, 2013.

[63] Mitchell T M. Computer science. Mining our reality.[J]. Science, 2009, 326(5960):1644.

[64] Montse Aulinas, Juan Carlos Nieves et.al. Supporting decision making in urban wastewater systems using a knowledge-based approach. Environmental Modelling & Software. 26 (2011).

[65] Newman M. E. Analysis of weighted networks. Physical review E. 2004, 70 (5): 056131.

[66] Nicholas D. Lane, Shane B. Eisenman, Mirco Musolesi, Emiliano Miluzzo, Andrew T. Campbell. Urban sensing systems: Opportunistic or participatory? 2008. Conference: Proceedings of the 9th Workshop on Mobile Computing Systems and Applications, Hot Mobile 2008, Napa Valley, California, USA, February 25-26, 2008. DOI: 10. 1145/1411759. 1411763.

[67] Nigam K, Mccallum A. K., Thrun S, et al. Text classification from labeled and unlabeled documents using em. Machine learning. 2000, 39 (2): 103–134.

[68] Nguyen D. Q. jLDADMM: A Java package for the LDA and DMM topic models. [S.l.]: [s.n.], 2015.

[69] Page L, Brin S, Motwani R, et al. The PageRank citation ranking: Bringing order to the web. [S.l.]: [s.n.], 1999.

[70] Pang B, Lee L, Vaithyanathan S. Thumbs up? : Sentiment classification using machine learning techniques. Association for Computational Linguistics, Proceedings of the ACL-02 conference on Empirical methods in natural language processing-Volume 10. [S.l.]: Association for Computational Linguistics, 2002: 79–86.

[71] Pelzer, P., Arciniegas, G., Geertman, S., Lenferink, S. (2015). Planning support systems and task-technology fit: a comparative case study. Applied Spatial Analysis and Policy, 8(2), 1-21.

[72] Qiu G, Liu B, Bu J, et al. Opinion word expansion and target extraction through double propagation. Computational linguistics. 2011, 37 (1): 9–27.

[73] Rajib Rana, Chun Tung Chou, Nirupama Bulusu, Salil Kanhere, Wen Hu. Ear-Phone: A context-aware noise mapping using smart phones. Pervasive and Mobile Computing 17(2015) 1-22. DOI：10.1016/j.pmcj.2014.02.001.

[74] Rada R, Mili H, Bicknell E, et al. Development and application of a metric on semantic nets. IEEE transactions on systems, man, and cybernetics. 1989, 19 (1): 17–30.

[75] Radka Peterová, Jakub Hybler. Do-It-Yourself environmental sensing. The European Future Technologies Conference and Exhibition 2011. Procedia Computer Science 7 (2011) 303–304.

[76] Resnik P. Using information content to evaluate semantic similarity in a taxonomy. arXiv preprint cmplg/9511007. 1995.

[77] Salvador Ruiz-Correa, Darshan Santani, Daniel Gatica-Perez. The young and the city: Crowdsourcing urban awareness in a developing country. Urb-IoT’ 14, October 27-28 2014, Rome Italy. http://dx.doi.org/10.1145/2666681.2666695.

[78] Sebastian Scheffel. Urban context awareness. Prototyping for the Digital City. Advances in embedded interactive systems 2014, Passau, Germany. Technical report — Winter 2013/2014.

[79] Shane B. Eisenman, Nicholas D. Lane, Emiliano Miluzzo, Ronald A. Peterson, Gahng-Seop Ahn, Nirenburg S.,Raskin V..(2001).Ontological semantics, formal ontology, and ambiguity. International Conference on Formal Ontology in Information Systems. 2001:151-161.

[80] Sheth A: Citizen sensing, social signals, and enriching human experience. IEEE Internet Computing 2009, 13(4):87-92. [http://dx.doi.org/10.1109/MIC.2009.77]

[81] Sparck Jones K. A statistical interpretation of term specificity and its application in retrieval. Journal of documentation. 1972, 28 (1): 11–21.

[82] Studer R, Benjamins V. R., Fensel D. Knowledge engineering: principles and methods. Data & knowledge engineering. 1998, 25 (1-2): 161–197.

[83] Taboada M, Brooke J, Tofiloski M, et al. Lexicon-based methods for sentiment analysis. Computational linguistics. 2011, 37 (2): 267–307.

[84] Te Brömmelstroet, M. (2012). Transparency, flexibility, simplicity: from buzzwords towards strategies for real PSS improvement. Computers, Environment and Urban Systems. 36 (1), 96-104.

[85] Te Brömmelstroet, M. (2013). Performance of Planning Support Systems What is it, and how do we report on it? Computers, Environment and Urban Systems, 41 (2013) 299-308. http://dx.doi.org/10.1016/j.compenvurbsys.2012.07.004.

[86] Te Brömmelstroet, M. (2016). PSS are more user-friendly, but are they also increasingly useful? Transport. Res. Part A (2016), http://dx.doi.org/10.1016/j.tra.2016.08.009.

[87] Teller J. Ontologies for an improved communication in urban development projects [M]//Ontologies for Urban Development. Springer Berlin Heidelberg, 2007: 1-14.

[88] Teller J, Billen R, Cutting-Decelle A F. Bringing urban ontologies into practice [J]. Journal of Information Technology in Construction, 2010, 15.

[89] Toole, J.L., Ulm, M., González, M.C., Bauer, D., 2012. Inferring land use from mobile phone activity. In: Proceedings of the ACM SIGKDD International Workshop on Urban Computing (pp. 1–8). ACM.

[90] Turney P.D. Thumbs up or thumbs down?: semantic orientation applied to unsupervised classification of reviews. Association for Computational Linguistics, Proceedings of the 40th annual meeting on association for computational linguistics. [S.l.]: Association for Computational Linguistics, 2002: 417–424.

[91] Vanessa Frias-Martinez，Enrique Frias-Martinez. Spectral clustering for sensing urban land use using Twitter activity. Engineering Applications of Artificial Intelligence 35 (2014), 237–245.

[92] Vonk, G. (2006). Improving planning support : The use of planning support systems for spatial planning. Nederlandse Geografische Studies, Utrecht.

[93] Wang, D., Abdelzaher, T., Kaplan, L. (2015). Social sensing: building reliable system on unreliable data. Burlington.MA: Elsevier Science.

[94] Wencheng Yu, Qizhi Mao, Song Yang, Songmao Zhang, Yilong Rong. Social sensing: The necessary component of Planning Support System for smart city in the era of big data. Planning Support Science for Smarter Urban Futures. Springer.2017.

[95] Wencheng Yu, Mingrui Mao, Bihui Wang, Xin Liu. Implementation Evaluation of Beijing Urban Master Plan Based On Subway Transit Smart Card Data. GEOINFORMATICS 2014. Kaohsiung. IEEE conference paper.

[96] Wencheng Yu, Qizhi Mao, Yilong Rong, Songmao Zhang, Na Gao.Media, people and cities: Social sensing for urban planning based on semantic computing. 16th International Conference on Computational Urban Planning and Urban Management (CUPUM), Wuhan, China. 2019.

[97] Wimalasuriya D. C., Dou D. Ontology-based information extraction: An introduction and a survey of current approaches. [S.l.]: Sage Publications Sage UK: London, England, 2010.

[98] Xuanjing Huang, Jing Jiang, Dongyan Zhao, Yansong Feng, Yu Hong. Natural Language Processing and Chinese Computing - 6th CCF International Conference, NLPCC 2017, Dalian, China, November 8-12, 2017, Proceedings. Lecture Notes in Computer Science 10619, Springer 2018, ISBN 978-3-319-73617-4.

[99] Yang C. C., Shi X, Wei C. P. Discovering event evolution graphs from news corpora. IEEE Transactions on Systems, Man, and Cybernetics-Part A: Systems and Humans. 2009, 39 (4): 850–863.

[100] Yu Zheng, Licia Capra, Ouri Wolfson, Hai Yang. Urban computing: concepts, methodologies, and applications. ACM Transaction on Intelligent Systems and Technology. 5(3), 2014.

[101] Zhenhua Wang, Lai Tua, Zhe Guo, Laurence T. Yang, Benxiong Huang. Analysis of user behaviors by mining large network data sets.Future Generation Computer Systems 37 (2014) 429–437.

[102] Zhiwen Yu，Xingshe Zhou.(2014). Socially aware computing: Concepts, technologies, and practices. Mobile Social Networking: An Innovative Approach, Computational Social Sciences, DOI 10.1007/978-1-4614-8579-7_2. Springer Science+Business Media New York.

[103] 李君轶，唐佳，冯娜. 基于社会感知计算的游客时空行为研究. 地理科学，2016，35（7）.

[104] 郑倩等. 基于社会感知的电力服务渠道网点推荐系统. 智慧电力，2018，46（10）:55-60.

[105] 孟庆丰. 媒介技术的演进及其社会影响分析——基于技术哲学的思考. 南京理工大学. 硕士论文. 2007.

[106] 刘易斯·芒福德. 技术与文明. 陈允明，王克仁，李华山译. 中国建筑工业出版社. 2009.

[107] 马歇尔·麦克卢汉. 理解媒介:论人的延伸. 北京:商务印书馆. 2000.

[108] 唐纳德·米勒. 刘易斯·芒福德读本. 宋俊岭，宋一然译. 上海三联书店. 2016.

[109] 刘易斯·芒福德．城市发展史．宋俊岭，倪文彦译．中国建筑工业出版社．2005.

[110] 保罗·莱文森．软利器:信息革命的自然历史与未来．复旦大学出版社．2011.

[111] 周建军．公众参与：民主化进程中实施城市规划的重要策略．规划师．2000.4．P4-P7.

[112] 郑明媚，冯奎，吴程程．中加公众参与城市规划的比较及思考．城市发展研究．2012.12．P4-P7.

[113] 贾文兵．论城市规划编制过程中的公众参与．山西建筑.Vol.35 No.19. 2009．P197-P198.

[114] 郑彦妮，蒋涤非．公众参与城市规划的实现路径．湖南大学学报（社会科学版）．Vol．27，No．2．2013，P68-P72.

[115] 施卫良．微时代与云规划．北京规划建设．2015.02.

[116] 罗静，党安荣，毛其智．本体技术在城市规划异构数据集成中的应用研究．计算机工程与应用．2008，44（34）．DOI:10.3778/j.issn.1002-8331.2008.34.002.

[117] 郭迟，刘经南，方媛．位置服务中的社会感知计算方法研究．计算机研究与发展，2013，50（12）:2531-2541.

[118] 徐琳宏，林鸿飞，潘宇，等．情感词汇本体的构造．情报学报．2008，27（2）: 180–185.

[119] 刘群，张华平，俞鸿魁，等．基于层叠隐马模型的汉语词法分析．计算机研究与发展．2004，41（8）: 1421-1429.

[120] 荣莉莉，张继永．突发事件的不同演化模式研究．自然灾害学报．2012，21（3）: 1–6.

[121] 马建华，陈安．突发事件的演化模式分析．安全．2009，30（12）: 1–4.

[122] 杨青，杨帆．基于元胞自动机的突发传染病事件演化模型．系统工程学报．2012，27（6）: 727–738.

[123] 赵妍妍，秦兵，车万翔，等．基于句法路径的情感评价单元识别．软件学报．2011.

[124] 姚天昉，娄德成．汉语语句主题语义倾向分析方法的研究．中文信息学报．2007，21（5）: 73–79.

[125] 秦春秀，祝婷，赵捧未，等．（2014）．自然语言语义分析研究进展．图书情报工作，22.

[126] 叶文．新技术在城市规划中的应用——记“遥感、计算机技术在城

市规划中应用交流会”. 城市规划. 1988.01.

[127] 宋小冬. 信息技术在城市规划中应用的调查及建议(摘要). 城市规划, 1999.08.

[128] 李国杰. 新一代信息技术发展新趋势. 人民网. 2015. http://it.people.com.cn/n/2015/0802/c1009-27397176.html.

[129] 孙晓光. 新技术革命与科学城. 城市问题. 1985.02.

[130] 石见利胜, 戚未艾, 周畅. 电子计算机在城市规划中的应用. 建筑学报. 1984.06.

[131] 夫见. 要研究新问题. 城市规划. 1985.06.

[132] 徐明根, 卫阳. 城建档案计算机综合通用管理系统概述. 档案学通信. 1993.03.

[133] 汇一. 借助新技术 迈上新台阶 北海市建设“城市信息系统”. 城市规划通信. 1994.17.

[134] 李锦芳. 积极创造条件, 建立城市建设信息中心. 城建档案. 1996.03.

[135] 简逢敏. 从数字地球到数字城市规划——上海城市规划信息系统. 智能技术应用与CAD学术讨论会论文集. 2000.

[136] 高军, 刘文新, 吴冬梅. 数字城市规划体系理论与实践. 规划师. 2006.12.

[137] 毛晶晶. 智慧规划时代的城乡规划技术业务系统研究. 硕士论文. 中南大学. 2014.

[138] 王芙蓉, 迟有忠. 智慧城市背景下的智慧规划思考与实践. 现代城市研究. 2015.01.

[139] 王鹏, 袁晓辉, 李苗裔. 面向城市规划编制的大数据类型及应用方式研究. 规划师. 2014.08.

[140] 崔真真, 黄晓春, 何莲娜, 等. 新数据在城乡规划中的应用体系建设思考. 新常态: 传承与变革——2015中国城市规划年会论文集(04城市规划新技术应用). 2015.

[141] 聂晶. 大数据时代下的城市规划方法探析. 城市建筑. 2016.03.

[142] 席广亮, 甄峰. 过程还是结果?——大数据支撑下的城市规划创新探讨. 现代城市研究. 2015.01.

[143] 党安荣, 袁牧, 沈振江, 等. 基于智慧城市和大数据的理性规划与城乡治理思考. 建设科技. 2015.03.

[144] 吕敏慧, 詹庆明, 郭华贵. 大数据视角的城市规划智慧管理途径探索. 新常态: 传承与变革——2015中国城市规划年会论文集(04城

市规划新技术应用）. 2015.

[145] 仇保兴. 中国城市规划信息化发展进程. 规划师. 2007.9.

[146] 刘荣增，李蕾. 近十年我国城市规划的演进与展望. 2013.05.

[147] 宋小冬，丁亮，钮心毅. “大数据”对城市规划的影响：观察与展望. 城市规划. 2015.04.

[148] 高鑫鑫. 基于本体的社交媒体分析——面向城市规划领域. 硕士论文. 中国科学院数学与系统科学研究院. 2017.

[149] 喻文承，茅明睿. 大数据时代规划公众参与的机遇与应对. 城乡建设. 2015.11.

[150] 喻文承. 城乡规划知识管理与协同工作方法研究. 博士论文. 清华大学. 2012.

[151] 黄萱菁，邱锡鹏. 中文信息处理发展报告（2016）. 中国中文信息学会，2016.12.（http://cips-upload.bj.bcebos.com/cips2016.pdf）.

后　记

美国媒介理论家保罗·莱文森曾说过“互联网是所有媒体的媒介”。城市规划人员应通过语义计算技术认识到利用网络媒体进行社会感知的重要性。只有这样，才能准确地从人的角度了解城市现状，提高观察和理解规划对城市和社会影响的能力。也只有这样，城市规划者的人文关怀和情感才能更好地发挥出来。城市规划设计的最终目的是为社会发展提供良好的社会公共政策，为城市治理、城市发展和社会进步提供更好的服务质量，使城市更具活力和智慧。这些目标是可以实现的。总之，社会感知和语义计算不仅为理解城市规划和城市管理信息提供了一个渠道，更重要的是，为创新城市规划、城市更新以及创新城市发展提供了新的信息整合能力。

回顾规划决策支持系统（PSS）的发展历史，将城市规划学科知识与ICT、GIS等技术相结合一直是PSS研究人员最重要的工作方法。根据微软亚洲研究院（Microsoft Research Asia）的2018年底的预测，由于当前知识和常识被引入到基于数据的学习系统中，以及使用了基于语义分析的可解释的自然语言处理（NLP），知识和常识将成为未来十年NLP的发展趋势。本书阐述了建立城市规划社会感知语义计算知识库和开发相应的语义计算模块的重要性，不仅符合这一技术发展趋势，而且提高了社会感知和语义计算在城市规划中的应用能力。可以预见在不久的将来，新的数据环境、技术条件和城市规划业务知识将被整合到规划支持系统中，现有的规划支持系统技术框架将会被扩展。这将会导致理论和方法上的不断创新以及新软件工具的开发，协助政府和规划人员从庞大的数据资源中挖掘出有意义的内容，进一步提高城市规划对社会的敏感性、洞察力，使得规划成果和决策更加具有针对性和科学性。

在本书写作过程中，书中提及的理论方法和关键技术又在一些新的案例中得到实践，进一步丰富了应用场景，让我们更加坚信技术的发展趋势以及城市规划工作对于社会感知语义计算的旺盛需求。城市是文明的象征，每位生活在城市中的市民都应享有现代文明带来的丰硕成果，让城市高品质发展、让市民生活更美好是规划师们不懈的追求目标。技术在持续发展，时代在不断进步，让我们携手同行，砥砺奋进。